Der Mann des S

Bernard Shaw

Writat

Diese Ausgabe erschien im Jahr 2023

ISBN: 9789359253848

Herausgegeben von
Writat
E-Mail: info@writat.com

Nach unseren Informationen ist dieses Buch gemeinfrei. Dieses Buch ist eine Reproduktion eines wichtigen historischen Werkes. Alpha Editions verwendet die beste Technologie, um historische Werke in der gleichen Weise zu reproduzieren, wie sie erstmals veröffentlicht wurden, um ihre ursprüngliche Natur zu bewahren. Alle sichtbaren Markierungen oder Zahlen wurden absichtlich belassen, um ihre wahre Form zu bewahren.

DER MANN DES SCHICKSALS

VON BERNARD SHAW
1898

Der 12. Mai 1796, in Norditalien, in Tavazzano , auf der Straße von Lodi nach Mailand. Die Nachmittagssonne brennt heiter über die Ebenen der Lombardei und behandelt die Alpen mit Respekt und die Ameisenhaufen mit Nachsicht, weder belästigt durch das Sonnenbaden der Schweine und Ochsen in den Dörfern noch verletzt durch den kühlen Empfang in den Kirchen, sondern zutiefst verächtlich zwei Horden schelmischer Insekten, nämlich die französische und die österreichische Armee. Zwei Tage zuvor versuchten die Österreicher bei Lodi, die Franzosen über die dortige schmale Brücke am Überqueren des Flusses zu hindern; Aber die Franzosen stürmten unter dem Kommando eines 27-jährigen Generals, Napoleon Bonaparte, der die Kunst des Krieges nicht versteht, über die vom Feuer zerstörte Brücke, unterstützt von einer gewaltigen Kanonade, bei der der junge General mit seinen eigenen Händen half. Kanonadenfahren ist seine technische Spezialität; Er wurde unter dem alten Regime in der Artillerie ausgebildet und in den militärischen Künsten perfektioniert, sich seinen Pflichten zu entziehen, den Zahlmeister um Reisekosten zu betrügen und den Krieg mit dem Lärm und Rauch von Kanonen zu würdigen, wie es in allen Militärporträts dargestellt ist. Er ist jedoch ein origineller Beobachter und hat zum ersten Mal seit der Erfindung des Schießpulvers erkannt, dass eine Kanonenkugel, wenn sie einen Menschen trifft, ihn töten wird. Zu einem gründlichen Verständnis dieser bemerkenswerten Entdeckung fügt er eine hochentwickelte Fähigkeit zur physischen Geographie und zur Berechnung von Zeiten und Entfernungen hinzu. Er verfügt über eine erstaunliche Arbeitskraft und eine klare, realistische Kenntnis der menschlichen Natur in öffentlichen Angelegenheiten, da er diese während der Französischen Revolution in dieser Abteilung auf Herz und Nieren geprüft hat. Er ist fantasievoll ohne Illusionen und kreativ ohne Religion, Loyalität, Patriotismus oder eines der üblichen Ideale. Nicht, dass er zu diesen Idealen unfähig wäre: Im Gegenteil, er hat sie alle in seiner Kindheit verschluckt und ist jetzt, da er über ein ausgeprägtes dramatisches Talent verfügt, äußerst geschickt darin, sie mit den Künsten des Schauspielers und Bühnenmanagers auszunutzen. Trotzdem ist er kein verwöhntes Kind. Armut, Pech, die Wechsel der mittellosen, schäbigen Vornehmheit, wiederholtes Scheitern als angehender Autor, Demütigung als abgewiesener Zeitdiener, Tadel und

Bestrafung als inkompetenter und unehrlicher Offizier, ein Ausweg aus der Entlassung aus dem Dienst, der so eng ist, dass ... Wenn die Auswanderung der Adligen den Wert selbst des schelmischsten Leutnants nicht auf den Hungersnotpreis eines Generals erhöht hätte, wäre er verächtlich aus der Armee gestrichen worden: Diese Prüfungen haben ihm die Selbstgefälligkeit genommen und ihn zur Selbstständigkeit gezwungen -ausreichend und zu verstehen, dass die Welt solchen Menschen wie ihm nichts geben wird, was er ihr nicht mit Gewalt nehmen kann. In dieser Hinsicht ist die Welt nicht frei von Feigheit und Torheit; denn Napoleon macht sich als gnadenloser Kanonade des politischen Mülls nützlich. Tatsächlich ist es auch heute noch unmöglich, in England zu leben, ohne manchmal zu spüren, wie viel dieses Land verloren hat, weil es nicht sowohl von ihm als auch von Julius Cäsar erobert wurde.

Doch an diesem Mainachmittag im Jahr 1796 ist es für ihn noch früh. Er ist erst 26 Jahre alt und erst vor kurzem General geworden, teils dadurch, dass er seine Frau dazu benutzte, das Direktorium (das damals Frankreich regierte) zu verführen, teils wegen des Mangels an Offizieren, der durch die oben erwähnte Auswanderung verursacht wurde; teilweise aufgrund seiner Fähigkeit, ein Land mit all seinen Straßen, Flüssen, Hügeln und Tälern so zu kennen, wie er seine Handfläche kennt; und vor allem durch seinen neuen Glauben an die Wirksamkeit des Abfeuerns von Kanonen auf Menschen. Seine Armee befindet sich, was die Disziplin betrifft, in einem Zustand, der einige moderne Schriftsteller, vor denen die folgende Geschichte aufgeführt wurde, so sehr schockiert hat, dass sie, beeindruckt vom späteren Ruhm von „ L'Empereur ", sich überhaupt geweigert haben, ihr Glauben zu schenken. Aber Napoleon ist noch nicht „ L'Empereur ": Er wurde gerade erst „Le Petit Caporal" genannt und ist dabei, durch Tapferkeit Einfluss auf seine Männer zu gewinnen. Er ist nicht in der Lage, ihnen seinen Willen in orthodoxer militärischer Manier mit der neunschwänzigen Katze aufzuzwingen. Die Französische Revolution, die der Unterdrückung nur durch die Angewohnheit der Monarchie entgangen ist, mit ihren Soldaten in Sachen Bezahlung mindestens vier Jahre im Rückstand zu sein, hat diese Angewohnheit, soweit möglich, durch die Angewohnheit ersetzt, überhaupt nicht zu zahlen, außer in Versprechungen und patriotischen Schmeicheleien, die mit dem Kriegsrecht preußischen Typs nicht vereinbar sind. Napoleon näherte sich daher den Alpen unter dem Kommando von Männern ohne Geld, in Lumpen und daher nicht in der Lage, viel Disziplin zu ertragen, insbesondere von aufstrebenden Generälen. Dieser Umstand, der einen idealistischen Soldaten in Verlegenheit gebracht hätte, war für Napoleon tausend Kanonen wert. Er hat zu seiner Armee gesagt: „Sie haben Patriotismus und Mut, aber Sie haben kein Geld, keine Kleidung und bedauerlicherweise gleichgültiges Essen." In Italien gibt es all diese Dinge und auch Ruhm, die von einer ergebenen Armee unter der Führung von ...

erlangt werden können ein General, der Beute als das natürliche Recht des Soldaten betrachtet. Ich bin so ein General. En avant , mes enfants!" Das Ergebnis hat ihn völlig gerechtfertigt. Die Armee erobert Italien, wie die Heuschrecken Zypern eroberten. Sie kämpfen den ganzen Tag und marschieren die ganze Nacht, legen unmögliche Entfernungen zurück und erscheinen an unglaublichen Orten, nicht weil jeder Soldat den Stab eines Feldmarschalls trägt in seinem Rucksack, sondern weil er hofft, am nächsten Tag mindestens ein halbes Dutzend Silbergabeln dorthin zu tragen.

Es muss übrigens verstanden werden, dass die französische Armee keinen Krieg gegen die Italiener führt. Es ist dazu da, sie vor der Tyrannei ihrer österreichischen Eroberer zu retten und ihnen republikanische Institutionen zu verleihen; so dass es, indem es sie beiläufig ausplündert, lediglich mit dem Eigentum seiner Freunde freikommt, die ihm dankbar sein sollten und es vielleicht auch wären, wenn Undankbarkeit nicht das sprichwörtliche Versagen ihres Landes wäre. Die Österreicher, gegen die es kämpft, sind eine durch und durch respektable reguläre Armee, gut diszipliniert, kommandiert von in der Kriegskunst geschulten und erfahrenen Herren: An der Spitze steht Beaulieu, der auf Befehl von Wien die klassische Kriegskunst übt und schrecklich wird von Napoleon geschlagen, der auf eigene Verantwortung und entgegen beruflicher Präzedenzfälle oder Befehlen aus Paris handelt. Selbst wenn die Österreicher eine Schlacht gewinnen, genügt es, zu warten, bis ihre Routine sie dazu zwingt, sozusagen zum Nachmittagstee in ihr Quartier zurückzukehren, und es ihnen wieder abzugewinnen: ein Weg, den sie später mit glänzendem Erfolg verfolgen Marengo. Im Großen und Ganzen hält Napoleon es für möglich, unwiderstehlich zu sein, ohne heroische Wunder zu wirken, da sein Gegner durch österreichische Staatskunst, klassische Feldherrschaft und die Erfordernisse der aristokratischen Gesellschaftsstruktur der Wiener Gesellschaft beeinträchtigt ist. Die Welt liebt jedoch Wunder und Helden und ist völlig unfähig, sich die Wirkung von Kräften wie dem akademischen Militarismus oder dem Wiener Salonismus vorzustellen . Daher hat man bereits damit begonnen, „ L'Empereur " zu fabrizieren und es so den Romantikern hundert Jahre später schwer zu machen, die kleine Szene, um die es jetzt in Tavazzano geht , als oben erwähnt zu bezeichnen.

Die besten Quartiere in Tavazzano befinden sich in einem kleinen Gasthaus, dem ersten Haus, das Reisende erreichen , die von Mailand nach Lodi durch den Ort kamen. Es steht in einem Weinberg; und sein Hauptraum, ein angenehmer Zufluchtsort vor der Sommerhitze, ist zur Rückseite des Weinbergs hin so weit geöffnet, dass er fast einer großen Veranda gleicht. Die mutigeren Kinder, die von den Alarmen und Ausflügen der letzten Tage und von dem Einmarsch französischer Truppen um sechs Uhr sehr aufgeregt sind, wissen, dass der französische Kommandant sich in diesem Zimmer einquartiert hat, und sind gespalten zwischen dem Verlangen, zu gucken Durch die vorderen Fenster dringt ein tödlicher Schrecken ein: der Wächter, ein junger Gentleman-Soldat, dem, da er keinen natürlichen Schnurrbart hat, von seinem Sergeant ein äußerst wilder Schnurrbart mit Stiefelschwärzung ins Gesicht gemalt wurde. Da seine schwere Uniform, wie alle Uniformen jener Zeit, für den Paradeeinsatz gedacht ist, ohne auch nur den geringsten Hinweis auf seine Gesundheit oder sein Wohlbefinden zu geben, schwitzt er stark in der Sonne; und sein bemalter Schnurrbart lief in kleinen Streifen über sein Kinn und um seinen Hals, außer dort, wo er in steifen, lackierten Flocken getrocknet war, und seine geschwungenen Umrisse waren in grotesken kleinen Buchten und Landzungen abgebrochen, was ihn in den Augen der Geschichte unsäglich lächerlich machte Hundert Jahre später, aber monströs und schrecklich für den heutigen norditalienischen Säugling, dem nichts natürlicher erscheinen würde, als die Monotonie seiner Wache dadurch zu lindern, dass er ein streunendes Kind auf seinem Bajonett mit der Heugabel aufspießt und es ungekocht isst. Dennoch schaut ein Mädchen mit schlechtem Charakter, bei dem bereits ein Instinkt für Privilegien gegenüber Soldaten dämmert, einen Moment lang durch das sicherste Fenster hinein, bevor ein Blick und ein Klirren des Wachpostens sie in die Luft jagen. Das meiste, was sie sieht, hat sie schon einmal gesehen: den Weinberg im Hintergrund, mit der alten Weinpresse und einem Karren zwischen den Weinreben; Die Tür zu ihrer Rechten schloss sich und führte zum Eingang des Gasthauses. die beste Anrichte des Vermieters, jetzt in vollem Einsatz zum Abendessen, weiter hinten auf derselben Seite; der Kamin auf der anderen Seite, mit einer Couch daneben und einer weiteren Tür, die zu den Innenräumen zwischen ihm und dem Weinberg führt; und der Tisch in der Mitte mit seinem Mahl aus Mailänder Risotto, Käse, Weintrauben, Brot, Oliven und einer großen Korbflasche mit Rotwein.

der Vermieter Giuseppe Grandi ist kein Novum. Er ist ein dunkelhäutiger, lebhafter, klug fröhlicher, schwarzlockiger, kugelköpfiger, grinsender kleiner Mann von 40 Jahren. Von Natur aus ein ausgezeichneter Gastgeber, ist er heute Abend in ganz besonderer Stimmung, weil er das Glück hat, den französischen Kommandanten als seinen Gast zu beschützen gegen die Erlaubnis der Truppen und trägt tatsächlich ein Paar goldene Ohrringe, die er sonst mit seinem kleinen Silberbesteck sorgfältig unter der Weinpresse versteckt hätte.

Sie sieht zum ersten Mal Napoleon, der ihr gegenüber auf der anderen Seite des Tisches sitzt und dessen Hut, Schwert und Reitpeitsche auf der Couch liegen. Er arbeitet hart, teils an seinem Essen, das er zu erledigen weiß, indem er alle Gänge gleichzeitig in zehn Minuten angreift (diese Übung ist der Beginn seines Untergangs), teils an einer Karte, die er aus dem Gedächtnis korrigiert Gelegentlich markierte er die Position der Streitkräfte, indem er eine Weinschale aus dem Mund nahm und sie mit dem Daumen wie eine Oblate auf die Karte legte. Er hat einen Vorrat an Schreibmaterial vor sich, der durcheinander mit den Schüsseln und Menagen durcheinander ist; und sein langes Haar gelangt manchmal in die Risottosoße und manchmal in die Tinte.

GIUSEPPE. Würden Ihre Exzellenz –

NAPOLEON (auf seine Karte konzentriert, sich aber mechanisch mit der linken Hand zusammendrängend). Reden Sie nicht. Ich bin beschäftigt.

GIUSEPPE (mit vollkommener guter Laune). Exzellenz: Ich gehorche.

NAPOLEON. Etwas rote Tinte.

GIUSEPPE. Ach! Exzellenz, es gibt keine.

NAPOLEON (mit korsischem Scherz). Töte etwas und bring mir sein Blut.

GIUSEPPE (grinst). Es gibt nichts außer dem Pferd Eurer Exzellenz, dem Wächter, der Dame oben und meiner Frau.

NAPOLEON. Töte deine Frau.

GIUSEPPE. Gerne, Eure Exzellenz; aber leider bin ich nicht stark genug. Sie würde mich töten.

NAPOLEON. Das wird genauso gut funktionieren.

GIUSEPPE. Eure Exzellenz erweist mir zu große Ehre. (Streckt seine Hand in Richtung der Flasche.) Vielleicht erfüllt ein wenig Wein den Zweck Eurer Exzellenz.

NAPOLEON (schützt hastig die Flasche und wird ganz ernst). Wein! Nein, das wäre Verschwendung. Ihr seid alle gleich: Verschwendung! Abfall! Abfall! (Er markiert die Karte mit Soße und benutzt dabei seine Gabel als Stift.) Wegräumen. (Er trinkt seinen Wein aus, schiebt seinen Stuhl zurück und benutzt seine Serviette, streckt seine Beine aus und lehnt sich zurück, runzelt aber immer noch die Stirn und denkt nach.)

GIUSEPPE (räumt den Tisch ab und legt die Sachen auf ein Tablett auf der Anrichte). Jedermann hat sein Handwerk, Exzellenz. Wir Wirte haben billigen Wein in Hülle und Fülle, wir denken nichts daran, ihn zu verschütten. Ihr großen Generäle habt reichlich billiges Blut, ihr haltet euch nichts dabei, es zu vergießen. Ist es nicht so, Exzellenz?

NAPOLEON. Blut kostet nichts: Wein kostet Geld. (Er steht auf und geht zum Kamin .)

GIUSEPPE. Sie sagen, Sie achten auf alles, außer auf Menschenleben, Exzellenz.

NAPOLEON. Das menschliche Leben, mein Freund, ist das Einzige, was für sich selbst sorgt. (Er wirft sich entspannt auf die Couch.)

GIUSEPPE (bewundert ihn). Ach, Exzellenz, was für Narren sind wir alle neben Euch! Wenn ich nur das Geheimnis Ihres Erfolgs herausfinden könnte!

NAPOLEON. Du würdest dich zum Kaiser von Italien machen, nicht wahr?

GIUSEPPE. Zu mühsam, Exzellenz: Das überlasse ich Ihnen. Außerdem, was würde aus meinem Gasthaus werden, wenn ich Kaiser wäre? Sehen Sie, wie gern Sie mir zuschauen, während ich das Gasthaus für Sie behalte und auf Sie warte! Nun, ich werde es genießen, Ihnen dabei zuzusehen, wie Sie Kaiser von Europa werden und das Land für mich regieren. (Während er plappert, nimmt er das Tuch ab, ohne die Karte und das Tintenfass abzunehmen, und nimmt die Ecken in seine Hände und die Mitte des Randes in seinen Mund, um es zusammenzufalten.)

NAPOLEON. Kaiser von Europa, nicht wahr? Warum nur Europa?

GIUSEPPE. Warum eigentlich? Kaiser der Welt, Exzellenz! Warum nicht? (Er faltet und rollt das Tuch zusammen und betont seine Sätze durch die Schritte des Prozesses.) Ein Mann ist wie der andere (Falte): Ein Land ist wie das andere (Falte): Eine Schlacht ist wie die andere. (Bei der letzten Falte schlägt er das Tuch auf den Tisch, rollt es geschickt zusammen und fügt abschließend hinzu:) Erobere einen: erobere alle. (Er trägt das Tuch zur Anrichte und legt es in eine Schublade.)

NAPOLEON. Und regiere für alle; kämpfe für alle; Seien Sie jedermanns Diener unter dem Deckmantel, jedermanns Herr zu sein: Giuseppe.

GIUSEPPE (an der Anrichte). Exzellenz.

NAPOLEON. Ich verbiete dir, mit mir über mich selbst zu reden.

GIUSEPPE (kommt zum Fußende der Couch). Begnadigung. Ihre Exzellenz ist so anders als andere große Männer. Es ist das Thema, das ihnen am besten gefällt.

NAPOLEON. Nun, reden Sie mit mir über das Thema, das ihnen am besten gefällt, was auch immer das sein mag.

GIUSEPPE (unerschrocken). Gerne, Eure Exzellenz. Hat Ihre Exzellenz zufällig einen Blick auf die Dame oben erhascht?

(Napoleon setzt sich sofort auf und sieht ihn mit einem Interesse an, das das angedeutete Epigramm völlig rechtfertigt.)

NAPOLEON. Wie alt ist sie?

GIUSEPPE. Das richtige Alter, Exzellenz.

NAPOLEON. Meinst du siebzehn oder dreißig?

GIUSEPPE. Dreißig, Exzellenz.

NAPOLEON. Gut aussehend?

GIUSEPPE. Ich kann es mit den Augen Eurer Exzellenz nicht sehen: Das muss jeder selbst beurteilen. Meiner Meinung nach, Exzellenz, eine schöne Figur einer Dame. (Schlau.) Soll ich hier den Tisch für ihre Sammlung decken?

NAPOLEON (schroff erhebt sich). Nein: Legen Sie nichts hier hin, bis der Offizier, auf den ich warte, zurückkommt. (Er schaut auf die Uhr und geht zwischen Kamin und Weinberg hin und her.)

GIUSEPPE (überzeugt). Exzellenz: Glauben Sie mir, er wurde von den verfluchten Österreichern gefangen genommen. Er würde es nicht wagen, dich warten zu lassen, wenn er in Freiheit wäre.

NAPOLEON (dreht sich am Rande des Schattens der Veranda um). Giuseppe: Wenn sich herausstellt, dass das wahr ist, wird es mich so verärgern, dass mir nichts anderes genügt, als Sie und Ihre ganze Familie, einschließlich der Dame oben, aufzuhängen.

GIUSEPPE. Wir stehen Eurer Exzellenz alle gerne zur Verfügung, außer der Dame. Ich kann nicht für sie antworten; Aber keine Dame konnte Ihnen widerstehen, General.

NAPOLEON (mürrisch, setzt seinen Marsch fort). Hm! Du wirst niemals gehängt. Es ist keine Befriedigung, einen Mann zu hängen, der nichts dagegen hat.

GIUSEPPE (mitfühlend). Nicht die Geringste auf der Welt, Exzellenz: Gibt es? (Napoleon schaut wieder auf die Uhr und wird offenbar unruhig.) Ah, man sieht, dass Sie ein großer Mann sind, General: Sie wissen, wie man wartet. Wenn es jetzt ein Korporal oder ein Unterleutnant wäre, würde er nach drei Minuten fluchen, schäumen, drohen und uns das Haus um die Ohren ziehen.

NAPOLEON. Giuseppe: Deine Schmeicheleien sind unerträglich. Geh und rede draußen. (Er setzt sich wieder an den Tisch, die Kiefer in die

Hände gestützt, die Ellenbogen auf die Karte gestützt, und brütet mit besorgter Miene darüber.)

GIUSEPPE. Gerne, Eure Exzellenz. Sie sollen nicht gestört werden. (Er nimmt das Tablett und bereitet sich darauf vor, sich zurückzuziehen.)

NAPOLEON. Sobald er zurückkommt, schick ihn zu mir.

GIUSEPPE. Sofort, Eure Exzellenz.

STIMME EINER DAME (ruft aus einem entfernten Teil des Gasthauses). Giusep -pe! (Die Stimme ist sehr musikalisch und die beiden Schlussnoten bilden ein aufsteigendes Intervall.)

NAPOLEON (erschrocken). Was ist das? Was ist das?

GIUSEPPE (stellt das Ende seines Tabletts auf den Tisch und beugt sich vor, um vertraulicher zu sprechen). Die Dame, Exzellenz.

NAPOLEON (abwesend). Ja. Welche Dame? Wessen Dame?

GIUSEPPE. Die seltsame Dame, Exzellenz.

NAPOLEON. Was für eine seltsame Dame?

GIUSEPPE (achselzuckend). Wer weiß? Sie kam hier eine halbe Stunde vor Ihnen in einer gemieteten Kutsche des Golden Eagle in Borghetto an . Eigentlich allein, Exzellenz. Keine Bediensteten. Eine Kleidertasche und ein Koffer: Das ist alles. Der Postillion sagt, sie habe ein Pferd – ein Ross mit militärischer Ausstattung – beim Steinadler zurückgelassen.

NAPOLEON. Eine Frau mit einem Ladegerät! Das ist außergewöhnlich.

DIE STIMME DER DAME (die beiden letzten Noten bilden nun ein gebieterisches absteigendes Intervall). Giuseppe!

NAPOLEON (steht auf, um zuzuhören). Das ist eine interessante Stimme.

GIUSEPPE. Sie ist eine interessante Dame, Exzellenz. (Ruft.) Kommt, meine Dame, kommt. (Er geht zur Innentür.)

NAPOLEON (hält ihn mit einer starken Hand auf seiner Schulter fest). Stoppen. Lass sie kommen.

STIMME. Giuseppe!! (Ungeduldig.)

GIUSEPPE (flehentlich). Lassen Sie mich gehen, Exzellenz. Es ist meine Ehrensache als Gastwirt, zu kommen, wenn ich gerufen werde. Ich appelliere an Sie als Soldat.

Die STIMME EINES MÄNNERS (draußen, an der Tür des Gasthauses, schreiend). Hier, jemand. Hallo! Vermieter. Wo bist du? (Jemand klopft kräftig mit einem Peitschenstiel auf eine Bank im Gang.)

NAPOLEON (wird plötzlich wieder der kommandierende Offizier und wirft Giuseppe ab). Da ist er endlich. (Zeigt auf die Innentür.) Geh. Kümmern Sie sich um Ihr Geschäft: Die Dame ruft Sie an. (Er geht zum Kamin und steht mit dem Rücken dazu, mit entschlossener militärischer Miene.)

GIUSEPPE (mit angehaltenem Atem schnappt er sich sein Tablett). Auf jeden Fall, Exzellenz. (Er eilt durch die Innentür hinaus.)

Die STIMME DES MANNES (ungeduldig). Schläft ihr hier alle? (Die Tür gegenüber dem Kamin wird unsanft aufgestoßen, und ein staubiger Unterleutnant stürmt in den Raum. Er ist ein lachender junger Mann von 24 Jahren mit der hellen, zarten, klaren Haut eines Mannes von Rang und einem Selbstbewusstsein - Gewissheit auf dem Boden, den die Französische Revolution nicht im geringsten erschüttert hat. Er hat eine dicke, alberne Lippe, ein gieriges, leichtgläubiges Auge, eine eigensinnige Nase und eine laute, selbstbewusste Stimme. Ein junger Mann ohne Angst, ohne Ehrfurcht, ohne Vorstellungskraft, ohne Sinn, hoffnungslos unempfänglich für die napoleonische oder irgendeine andere Idee, ungeheuer egoistisch, hervorragend dazu geeignet, dort hineinzustürmen, wo Engel sich fürchten, hinzutreten, und doch von einer kräftigen, plappernden Lebenskraft, die ihn mitten ins Geschehen treibt. Er brodelt gerade vor Wut Verärgerung, die ein oberflächlicher Beobachter seiner Ungeduld zuschreibt, weil er vom Personal des Gasthauses nicht umgehend bedient wurde, in der ein anspruchsvolleres Auge jedoch eine gewisse moralische Tiefe erkennen kann, die auf eine dauerhaftere und bedeutsamere Beschwerde hinweist. Als er Napoleon sah ist so verblüfft, dass er sich zurückhält und salutiert; aber er verrät durch seine Art nichts von dem prophetischen Bewusstsein von Marengo und Austerlitz, Waterloo und St. Helena oder den napoleonischen Bildern von Delaroche und Meissonier, das die moderne Kultur instinktiv von ihm erwarten wird.)

NAPOLEON (scharf). Nun, Sir, hier sind Sie endlich. Ihre Anweisung lautete, dass ich um sechs Uhr hier eintreffen sollte und Sie mit meiner Post aus Paris und den Depeschen auf mich warten würden . Es ist jetzt zwanzig Minuten vor acht. Du wurdest als harter Reiter mit dem schnellsten Pferd im Lager zu diesem Dienst geschickt. Sie kommen zu Fuß hundert Minuten zu spät an. Wo ist dein Pferd!

DER LIEUTENANT (zieht launisch seine Handschuhe aus und schleudert sie mit Mütze und Peitsche auf den Tisch). Ah! Wo eigentlich? Das ist genau das, was ich gerne wissen würde, General. (Mit Rührung.) Sie wissen nicht, wie gern ich dieses Pferd hatte.

NAPOLEON (wütend sarkastisch). In der Tat! (Mit plötzlichem Unbehagen.) Wo sind die Briefe und Depeschen ?

DER LEUTNANT (wichtig, eher erfreut über die bemerkenswerte Neuigkeit). Ich weiß nicht.

NAPOLEON (kann seinen Ohren nicht trauen). Du weißt es nicht!

LEUTNANT. Nicht mehr als Sie, General. Jetzt werde ich wohl vor ein Kriegsgericht gestellt . Nun, es macht mir nichts aus, vor ein Kriegsgericht gestellt zu werden ; Aber (mit feierlicher Entschlossenheit) sage ich Ihnen, General, wenn ich jemals diesen unschuldig aussehenden Jugendlichen erwische, werde ich seine Schönheit verderben, den schleimigen kleinen Lügner! Ich werde ein Foto von ihm machen. Krank-

NAPOLEON (tritt vom Herd zum Tisch). Was für ein unschuldig aussehender junger Mann? Nehmen Sie sich zusammen, mein Herr. und gib einen Bericht über dich.

LEUTNANT (sieht ihn auf der gegenüberliegenden Seite des Tisches an und stützt sich mit den Fäusten darauf). Oh, mir geht es gut, General. Ich bin vollkommen bereit, über mich selbst Rechenschaft abzulegen. Ich werde dem Kriegsgericht klarmachen, dass die Schuld nicht bei mir lag. Die bessere Seite meiner Natur wurde ausgenutzt; und ich schäme mich nicht dafür. Aber bei allem Respekt vor Ihnen als meinem befehlshabenden Offizier, General, sage ich noch einmal: Sollte ich jemals diesen Sohn Satans zu Gesicht bekommen, werde ich –

NAPOLEON (wütend). Das hast du ja schon gesagt.

Leutnant (richtet sich auf). Ich sage es noch einmal: Warte einfach, bis ich ihn erwische. Warten Sie einfach: Das ist alles. (Er verschränkt entschlossen die Arme und atmet schwer mit zusammengepressten Lippen.)

NAPOLEON. Ich warte, Sir – auf Ihre Erklärung.

LEUTNANT (selbstbewusst). Sie werden Ihren Ton ändern, General, wenn Sie hören, was mit mir passiert ist.

NAPOLEON. Ihnen ist nichts passiert, mein Herr: Sie leben und sind nicht behindert. Wo sind die Ihnen anvertrauten Papiere?

LEUTNANT. Nichts! Nichts!! Oho! Nun, wir werden sehen. (Stellt sich auf, um Napoleon mit seinen Neuigkeiten zu überwältigen.) Er schwor mir ewige Brüderlichkeit. War das nichts? Er sagte, meine Augen erinnerten ihn an die Augen seiner Schwester. War das nichts? Er weinte – tatsächlich weinte er – über die Geschichte meiner Trennung von Angelica. War das nichts? Er bezahlte beide Flaschen Wein, aß aber selbst nur Brot und Weintrauben. Vielleicht nennen Sie das nichts! Er gab mir seine Pistolen und sein Pferd und seine Depeschen – die wichtigsten Depeschen – und ließ mich damit gehen. (Triumphierend, da er sieht, dass er Napoleon völlig verblüfft hat.) War DAS nichts?

NAPOLEON (vor Erstaunen geschwächt). Warum hat er das getan?

LEUTNANT (als ob der Grund offensichtlich wäre). Um sein Vertrauen in mich zu zeigen. (Napoleons Kinnlade fällt nicht gerade herunter, aber seine Scharniere werden kraftlos. Der Leutnant fährt mit ehrlicher Empörung fort.) Und ich war seines Vertrauens würdig: Ich habe sie alle ehrenhaft zurückgebracht. Aber würden Sie es glauben? – Als ich ihm MEINE Pistolen, MEIN Pferd und MEINE Depeschen anvertraute –

NAPOLEON (wütend). Warum zum Teufel hast du das getan?

LEUTNANT. Natürlich, um mein Vertrauen in ihn zu zeigen. Und er hat es verraten – missbraucht – ist nie zurückgekommen. Der Dieb! der Betrüger! der herzlose, verräterische kleine Schuft! Das nennst du nichts, nehme ich an. Aber schauen Sie mal, General: (erneut mit der Faust auf den Tisch greifend, um es noch stärker hervorzuheben) SIE können sich diese Empörung der Österreicher gefallen lassen, wenn Sie möchten; aber ich persönlich sage Ihnen, wenn ich jemals …

NAPOLEON (dreht sich angewidert auf dem Absatz um und setzt gereizt seinen Hin- und Hermarsch fort). Ja, das haben Sie schon mehr als einmal gesagt.

LEUTNANT (aufgeregt). Mehr als einmal! Ich werde es fünfzig Mal sagen; und außerdem werde ich es tun. Sie werden sehen, General. Ich werde ihm mein Vertrauen zeigen, also werde ich es tun. Krank-

NAPOLEON. Ja, ja, Sir, das werden Sie zweifellos tun. Was für ein Mann war er?

LEUTNANT. Nun, ich denke, man sollte an seinem Verhalten erkennen können, was für ein Mann er war.

NAPOLEON. Psch! Wie war er?

LEUTNANT. Wie! Er ist wie – nun, Sie hätten den Kerl einfach sehen sollen: Das wird Ihnen eine Vorstellung davon geben, wie er war. Er wird fünf Minuten, nachdem ich ihn erwischt habe, nicht mehr so sein; denn ich sage dir, wenn jemals –

NAPOLEON (schreit wütend nach dem Wirt). Giuseppe! (Zum Leutnant aus aller Geduld.) Halten Sie den Mund, Sir, wenn Sie können.

LEUTNANT. Ich warne Sie, es hat keinen Sinn, mir die Schuld in die Schuhe zu schieben. (Klagend.) Woher sollte ich wissen, was für ein Kerl er war? (Er nimmt einen Stuhl zwischen der Anrichte und der Außentür hervor, stellt ihn neben den Tisch und setzt sich.) Wenn Sie nur wüssten, wie hungrig und müde ich bin, hätten Sie mehr Rücksicht genommen.

GIUSEPPE (kommt zurück). Was ist los, Exzellenz?

NAPOLEON (kämpft mit seinem Temperament). Nehmen Sie diesen – diesen Offizier. Füttere ihn; und ihn gegebenenfalls ins Bett bringen. Wenn er wieder bei Verstand ist, finden Sie heraus, was mit ihm passiert ist, und sagen Sie es mir. (Zum Leutnant.) Betrachten Sie sich als verhaftet, Sir.

Leutnant (mit mürrischer Steifheit). Darauf war ich vorbereitet. Man braucht einen Gentleman, um einen Gentleman zu verstehen. (Er wirft sein Schwert auf den Tisch. Giuseppe nimmt es und bietet es höflich Napoleon an, der es heftig auf die Couch wirft.)

GIUSEPPE (mit mitfühlender Sorge). Wurden Sie von den Österreichern angegriffen, Leutnant? Liebes, liebes, liebes!

Leutnant (verächtlich). Angegriffen! Ich hätte ihm zwischen Finger und Daumen den Rücken brechen können. Ich wünschte, ich hätte es jetzt getan. Nein, es geschah, indem ich an die bessere Seite meiner Natur appellierte: Daran komme ich nicht vorbei. Er sagte, er hätte noch nie einen Mann getroffen, den er so sehr mochte wie mich. Er legte mir sein Taschentuch um den Hals, weil mich eine Mücke gebissen hatte und mein Schaft daran scheuerte. Sehen! (Er holt ein Taschentuch aus seinem Vorrat. Giuseppe nimmt es und untersucht es.)

GIUSEPPE (zu Napoleon). Ein Damentaschentuch, Exzellenz. (Er riecht daran.) Parfümiert!

NAPOLEON. Äh? (Er nimmt es und betrachtet es aufmerksam.) Hm! (Er riecht daran.) Ha! (Er geht nachdenklich durch das Zimmer und betrachtet das Taschentuch, das er schließlich in die Brust seines Mantels steckt.)

LEUTNANT. Jedenfalls gut genug für ihn. Ich bemerkte, dass er die Hände einer Frau hatte, als er meinen Hals berührte, mit seiner schmeichelnden, schmeichelnden Art, der gemeine, verweichlichte kleine Hund. (Senkt seine Stimme mit aufregender Intensität.) Aber merken Sie sich meine Worte, General. Wenn jemals-

DIE STIMME DER DAME (draußen, wie zuvor). Giuseppe!

Leutnant (versteinert). Was war das?

GIUSEPPE. Nur eine Dame oben, Leutnant, ruft mich an.

LEUTNANT. Dame!

STIMME. Giuseppe, Giuseppe: Wo BIST du?

Leutnant (mörderisch). Gib mir das Schwert. (Er geht zum Sofa, schnappt sich das Schwert und zieht es.)

GIUSEPPE (stürmt vorwärts und ergreift seinen rechten Arm.) Woran denken Sie, Leutnant? Es ist eine Dame: Hören Sie nicht, dass es eine Frauenstimme ist?

LEUTNANT. Es ist SEINE Stimme, das sage ich dir. Lass mich gehen. (Er löst sich und eilt zur inneren Tür. Sie öffnet sich vor seinem Gesicht, und die seltsame Dame tritt ein. Sie ist eine sehr attraktive Dame, groß und außerordentlich anmutig, mit einem zart intelligenten, besorgten, fragenden Gesicht – Wahrnehmung im Stirn, Empfindlichkeit in den Nasenlöchern, Charakter im Kinn: alles scharf, kultiviert und originell. Sie ist sehr weiblich, aber keineswegs schwach: Die geschmeidige, zarte Figur hängt an einem starken Rahmen: die Hände und Füße, der Hals und Schultern, sind kein zerbrechlicher Schmuck, sondern von voller Größe im Verhältnis zu ihrer Statur, die die von Napoleon und dem Wirt deutlich übertrifft und ihr gegenüber dem Leutnant keinen Nachteil lässt. Nur ihre Eleganz und ihr strahlender Charme bewahren das Geheimnis ihrer Größe und Größe Stärke. Ihrer Kleidung nach zu urteilen, ist sie keine Bewunderin der neuesten Mode des Verzeichnisses; oder vielleicht benutzt sie ihre alten Kleider zum Reisen. Auf jeden Fall trägt sie keine Jacke mit extravaganten Revers , keinen griechisch- tallischen Schein-Chiton, nichts, was die Prinzessin von Lamballe nicht hätte tragen können. Ihr Kleid aus geblümter Seide hat eine lange Taille und eine Watteau-Falte hinten, die Paniers sind jedoch auf bloße Rudimente reduziert, da sie zu groß dafür ist. Es ist tief am Hals ausgeschnitten, wo es von einem cremigen Fichu abgerundet wird. Sie ist blond, hat goldbraunes Haar und graue Augen.)

(Sie tritt mit der Selbstbeherrschung einer Frau ein, die an die Privilegien von Rang und Schönheit gewöhnt ist. Der Gastwirt, der über ausgezeichnete natürliche Manieren verfügt, ist ihr gegenüber sehr dankbar. Napoleon, auf den ihr erster Blick fällt, ist sofort hin und weg von seiner Verlegenheit . Seine Farbe vertieft sich: Er wird steifer und unruhiger als zuvor. Sie merkt es sofort und dreht sich, um ihn nicht in Verlegenheit zu bringen, in einer unendlich wohlerzogenen Art um, um dem anderen Herrn, der ihn anstarrt, einen respektvollen Blick zu erweisen Ihr Kleid, wie das letzte Meisterwerk der heimtückischen Verstellung der Erde, mit Gefühlen, die völlig unaussprechlich und unbeschreiblich sind. Als sie ihn ansieht, wird sie totenblass. Ihr Gesichtsausdruck ist unverkennbar: Die Enthüllung eines fatalen Irrtums, völlig unerwartet, hat sie plötzlich entsetzt Sie inmitten von Ruhe , Sicherheit und Sieg. Im nächsten Moment strömt eine Welle von Farbe unter dem cremigen Fichu hervor und ertränkt ihr ganzes Gesicht. Man kann sehen, dass sie am ganzen Körper rot wird. Sogar der Leutnant, dazu normalerweise nicht in der Lage Der aufmerksame Mensch, der gerade im Tumult seines Zorns versunken ist, kann etwas sehen, wenn es für ihn rot angemalt wird. Er interpretiert das Erröten als das unfreiwillige Geständnis der schwarzen Täuschung gegenüber ihrem Opfer, zeigt mit einem lauten, vergeltenden Triumphschrei darauf und zieht sie dann, indem er sie am Handgelenk packt, an sich vorbei in den Raum, während er die Tür zuschlägt. und stellt sich mit dem Rücken darauf.)

LEUTNANT. Also ich habe dich, mein Junge. Du hast dich also verkleidet, oder? (Mit Donnerstimme.) Zieh den Rock aus.

GIUSEPPE (protestiert). Oh, Leutnant!

DAME (erschrocken, aber höchst empört darüber, dass er es gewagt hat, sie zu berühren). Meine Herren: Ich appelliere an Sie. Giuseppe. (Macht eine Bewegung, als wollte er zu Giuseppe rennen.)

Leutnant (mischt sich ein, das Schwert in der Hand). Nein, das tust du nicht.

DAME (flüchtet sich zu Napoleon). Ah, Sir, Sie sind ein Offizier – ein General. Du wirst mich beschützen, nicht wahr?

LEUTNANT. Kümmern Sie sich nicht um ihn, General. Überlassen Sie es mir, mich um ihn zu kümmern.

NAPOLEON. Mit ihm! Mit wem, Sir? Warum behandeln Sie diese Dame so?

LEUTNANT. Dame! Er ist ein Mann! der Mann, dem ich mein Vertrauen gezeigt habe. (geht drohend vor.) Hier –

DAME (läuft hinter Napoleon her und umarmt in ihrer Aufregung den Arm, den er ihr instinktiv zur Verteidigung entgegenstreckt). Oh, danke, General. Halte ihn fern.

NAPOLEON. Unsinn, Sir. Dies ist sicherlich eine Dame (sie lässt plötzlich den Arm sinken und errötet erneut); und du bist verhaftet. Legen Sie sofort Ihr Schwert nieder, Sir.

LEUTNANT. General: Ich sage Ihnen, er ist ein österreichischer Spion. Er hat sich heute Nachmittag für mich als einer von General Massenas Stab ausgegeben; Und jetzt gibt er sich für dich als Frau aus. Soll ich meinen eigenen Augen trauen oder nicht?

DAME. Allgemein: Es muss mein Bruder sein. Er gehört zum Stab von General Massena. Er ist mir sehr ähnlich.

LIEUTENANT (sein Verstand gibt nach). Wollen Sie damit sagen, dass Sie nicht Ihr Bruder, sondern Ihre Schwester sind? – die Schwester, die mir so ähnlich war? – die meine wunderschönen blauen Augen hatte? Es war eine Lüge: Deine Augen sind nicht wie meine, sie sind genau wie deine eigenen. Was für eine Perfidie!

NAPOLEON. Leutnant: Werden Sie meinen Befehlen gehorchen und den Raum verlassen, da Sie endlich überzeugt sind, dass dies kein Gentleman ist?

LEUTNANT. Gentleman! Ich sollte nicht denken. Kein Herr hätte mein Vertrauen missbraucht –

NAPOLEON (aus aller Geduld). Genug, Sir, genug. Verlassen Sie den Raum? Ich befehle Ihnen, den Raum zu verlassen.

DAME. Oh, bete, lass MICH stattdessen gehen.

NAPOLEON (trocken). Entschuldigen Sie, Madame. Bei allem Respekt vor Ihrem Bruder verstehe ich noch nicht, was ein Offizier im Stab von General Massena mit meinen Briefen will. Ich habe einige Fragen an Sie.

GIUSEPPE (diskret). Kommen Sie, Leutnant. (Er öffnet die Tür.)

LEUTNANT. Ich bin weg. Allgemein: Seien Sie von mir gewarnt: Seien Sie auf der Hut vor der besseren Seite Ihrer Natur. (Zur Dame.) Madame: Es tut mir leid. Ich dachte, du wärst dieselbe Person, nur vom anderen Geschlecht; und das hat mich natürlich in die Irre geführt.

DAME (süß). Es war nicht deine Schuld, oder? Ich bin so froh, dass Sie nicht länger böse auf mich sind, Leutnant. (Sie bietet ihre Hand an.)

Leutnant (beugt sich galant, um es zu küssen). Oh, meine Dame, nicht die Lea – (überprüft sich selbst und betrachtet es.) Sie haben die Hand Ihres Bruders. Und die gleiche Art von Ring.

DAME (süß). Wir sind Zwillinge.

LEUTNANT. Das erklärt es. (Er küsst ihre Hand.) Tausend Verzeihung. Mir machten die Depeschen überhaupt nichts aus : Das ist mehr die Sache des Generals als meine: Es war der Missbrauch meines Vertrauens durch die bessere Seite meiner Natur. (Nimmt seine Mütze, Handschuhe und Peitsche vom Tisch und geht.) Ich hoffe, Sie werden mir entschuldigen, dass ich Sie verlassen habe, General. Es tut mir sehr leid, da bin ich mir sicher. (Er redet sich aus dem Zimmer. Giuseppe folgt ihm und schließt die Tür.)

NAPOLEON (sieht ihnen mit konzentrierter Verärgerung nach). Idiot! (Die Fremde Dame lächelt mitfühlend. Stirnrunzelnd kommt er durch den Raum zwischen Tisch und Kamin, all seine Unbeholfenheit ist nun verschwunden, da er mit ihr allein ist.)

DAME. Wie kann ich Ihnen, General, für Ihren Schutz danken?

NAPOLEON (dreht sich plötzlich zu ihr um). Meine Botschaften : Komm! (Er streckt ihnen die Hand entgegen.)

DAME. Allgemein! (Sie legt unwillkürlich ihre Hände auf ihr Fichu, als wollte sie dort etwas schützen.)

NAPOLEON. Du hast diesen Dummkopf ausgetrickst. Du hast dich als Mann verkleidet. Ich möchte meine Depeschen . Sie sind dort im Busen deines Kleides, unter deinen Händen.

DAME (zieht schnell ihre Hände weg). Oh, wie unfreundlich du mit mir sprichst! (Sie nimmt ihr Taschentuch aus ihrem Fichu.) Du machst mir Angst. (Sie berührt ihre Augen, als wollte sie eine Träne wegwischen.)

NAPOLEON. Wie ich sehe, kennen Sie mich nicht, meine Dame, sonst würden Sie sich die Mühe ersparen, so zu tun, als würden Sie weinen.

DAME (erzeugt den Eindruck, als würde sie unter Tränen lächeln). Ja, ich kenne dich. Sie sind der berühmte General Bonaparte. (Sie gibt dem Namen eine ausgeprägte italienische Aussprache Bwaw - na -parr- te .)

NAPOLEON (wütend, mit französischer Aussprache). Bonaparte, Madame, Bonaparte. Die Papiere bitte.

DAME. Aber ich versichere Ihnen – (Er entreißt ihr grob das Taschentuch.) General! (Empört.)

NAPOLEON (nimmt das andere Taschentuch von seiner Brust). Sie waren so freundlich, meinem Leutnant eines Ihrer Taschentücher zu leihen, als Sie ihn ausgeraubt haben. (Er betrachtet die beiden Taschentücher.) Sie passen zueinander. (Er riecht daran.) Derselbe Duft. (Er wirft sie auf den Tisch.) Ich warte auf die Depeschen . Ich werde sie, wenn nötig, mit so wenig Zeremonie annehmen wie das Taschentuch. (Dieser historische Vorfall wurde achtzig Jahre später von M. Victorien Sardou in seinem Drama mit dem Titel „Dora" verwendet.)

DAME (in würdevollem Tadel). Allgemein: Drohen Sie Frauen?

NAPOLEON (unverblümt). Ja.

DAME (verwirrt, versucht Zeit zu gewinnen). Aber ich verstehe es nicht. ICH-

NAPOLEON. Du verstehst vollkommen. Sie kamen hierher, weil Ihre österreichischen Arbeitgeber berechnet hatten, dass ich sechs Meilen entfernt war. Ich bin immer dort zu finden, wo meine Feinde mich nicht erwarten. Du bist in die Höhle des Löwen gegangen. Kommen Sie: Sie sind eine mutige Frau. Seien Sie vernünftig: Ich habe keine Zeit zu verlieren. Die Papiere. (Er geht bedrohlich einen Schritt vorwärts).

DAME (bricht in der kindischen Wut der Ohnmacht zusammen und wirft sich weinend auf den Stuhl, den der Leutnant neben dem Tisch gelassen hat). Ich bin mutig! Wie wenig weißt du! Ich habe den Tag voller Angst verbracht. Es schmerzt mich hier, weil mir bei jedem misstrauischen Blick, jeder drohenden Bewegung das Herz zusammenkrampft. Glaubst du, dass jeder so mutig ist wie du? Oh, warum wollt ihr mutigen Menschen nicht die mutigen Dinge tun? Warum überlässt du sie uns, die wir überhaupt keinen Mut haben? Ich bin nicht mutig: Ich schrecke vor Gewalt zurück: Gefahr macht mich unglücklich.

NAPOLEON (interessiert). Warum hast du dich dann in Gefahr begeben?

DAME. Denn es geht nicht anders: Ich kann niemand anderem vertrauen. Und jetzt ist alles nutzlos – alles wegen dir, die du keine Angst hast, weil du kein Herz hast, kein Gefühl, nein – (Sie bricht ab und wirft sich auf die Knie.) Ah, General, lass mich gehen: lass Ich gehe, ohne irgendwelche Fragen zu stellen. Du sollst deine Depeschen und Briefe haben : Ich schwöre es.

NAPOLEON (streckt seine Hand aus). Ja: Ich warte auf sie. (Sie schnappt nach Luft, eingeschüchtert von seiner rücksichtslosen Schnelligkeit und verzweifelt, ihn durch Schmeicheleien zu bewegen; aber als sie verwirrt zu ihm aufblickt, wird deutlich, dass sie sich den Kopf zerbricht, um einen Trick zu finden, um ihn zu überlisten. Er begegnet ihrem Blick unnachgiebig.)

DAME (erhebt sich endlich mit einem leisen kleinen Seufzer). Ich werde sie für dich besorgen. Sie sind in meinem Zimmer. (Sie dreht sich zur Tür.)

NAPOLEON. Ich werde Sie begleiten, Madame.

DAME (richtet sich mit einer edlen Miene beleidigter Zartheit auf). Ich kann Ihnen nicht erlauben, mein Gemach zu betreten, General.

NAPOLEON. Dann bleiben Sie hier, Madame, während ich Ihr Zimmer nach meinen Papieren durchsuchen lasse.

DAME (böswillig und offen ihren Plan aufgebend). Vielleicht ersparen Sie sich die Mühe. Sie sind nicht da.

NAPOLEON. Nein: Ich habe Ihnen bereits gesagt, wo sie sind. (Zeigt auf ihre Brust.)

DAME (mit ziemlicher Mitleidigkeit). Allgemein: Ich möchte nur einen kleinen privaten Brief behalten. Einziger. Lass es mich haben.

NAPOLEON (kalt und streng). Ist das eine berechtigte Forderung, meine Dame?

LADY (ermutigt dadurch, dass er sich nicht direkt weigert). NEIN; aber deshalb musst du es gewähren. Sind Ihre eigenen Ansprüche angemessen? Tausende Leben für deine Siege, deine Ambitionen, dein Schicksal! Und was ich frage, ist so eine Kleinigkeit. Und ich bin nur eine schwache Frau und du ein mutiger Mann. (Sie blickt ihn mit zärtlich flehenden Augen an und ist im Begriff, wieder vor ihm zu knien.)

NAPOLEON (brüsk). Steh auf steh auf. (Er wendet sich deprimiert ab und dreht sich durch den Raum, hält einen Moment inne, um über seine Schulter hinweg zu sagen:) Du redest Unsinn; und du weißt es. (Sie steht auf und setzt sich in fast lustloser Verzweiflung auf die Couch. Als er sich umdreht und sie dort sieht, hat er das Gefühl, dass sein Sieg vollständig ist und dass er sich nun einem kleinen Spiel mit seinem Opfer hingeben darf. Er kommt zurück und setzt sich neben ihr. Sie sieht alarmiert aus und entfernt sich ein wenig von ihm; aber ein Strahl sammelnder Hoffnung strahlt aus ihren Augen. Er fängt an wie ein Mann, der sich über einen heimlichen Witz lustig macht.) Woher weißt du, dass ich ein mutiger Mann bin?

DAME (erstaunt). Du! General Bonaparte. (Italienische Aussprache.)

NAPOLEON. Ja, ich, General Bonaparte (betont die französische Aussprache).

DAME. Oh, wie kann man so eine Frage stellen? Du! der noch vor zwei Tagen an der Brücke von Lodi stand, mit der Luft voller Tod, und ein Duell mit Kanonen auf der anderen Seite des Flusses lieferte! (schaudert.) Oh, du tust mutige Dinge.

NAPOLEON. Das tust du auch.

DAME. ICH! (Mit einem plötzlichen seltsamen Gedanken.) Oh! Bist du ein Feigling?

NAPOLEON (lacht grimmig und kneift sich in die Wange). Das ist die einzige Frage, die Sie einem Soldaten niemals stellen dürfen. Der Sergeant fragt nach der Größe des Rekruten, seinem Alter, seinem Wind, seinen Gliedmaßen, aber niemals nach seinem Mut. (Er steht auf und geht mit den Händen auf dem Rücken und gesenktem Kopf umher und lacht vor sich hin.)

LADY (als hätte sie es nicht zum Lachen gefunden). Ah, man kann über die Angst lachen. Dann wissen Sie nicht, was Angst ist.

NAPOLEON (kommt hinter das Sofa). Sag mir das. Angenommen, Sie hätten diesen Brief erhalten, als Sie vorgestern über die Brücke von Lodi zu mir kamen ! Angenommen, es hätte keinen anderen Weg gegeben, und das wäre ein sicherer Weg – wenn man nur der Kanone entkommen würde! (Sie schaudert und bedeckt für einen Moment ihre Augen mit ihren Händen.) Hätten Sie Angst gehabt?

DAME. Oh, schreckliche Angst, quälende Angst. (Sie legt ihre Hände auf ihr Herz.) Es tut weh, sich das nur vorzustellen.

NAPOLEON (unflexibel). Wären Sie gekommen, um die Depeschen abzuholen ?

DAME (überwältigt von dem eingebildeten Grauen). Frag mich nicht. Ich muss gekommen sein.

NAPOLEON. Warum?

DAME. Weil ich muss. Weil es keinen anderen Weg gegeben hätte.

NAPOLEON (mit Überzeugung). Weil du meinen Brief so sehr gewollt hättest, dass du deine Angst ertragen könntest. Es gibt nur eine universelle Leidenschaft: Angst. Von all den tausend Eigenschaften, die ein Mann haben mag, ist die einzige, die Sie beim jüngsten Schlagzeuger meiner Armee genauso sicher finden werden wie bei mir, Angst. Es ist Angst, die Menschen zum Kämpfen bringt; es ist Gleichgültigkeit, die sie dazu bringt, wegzulaufen; Angst ist die Triebfeder des Krieges. Furcht! Ich kenne die Angst gut, besser als du, besser als jede Frau. Ich habe einmal gesehen, wie in Paris ein Regiment guter Schweizer Soldaten von einem Mob niedergemetzelt wurde, weil ich Angst hatte, einzugreifen: Ich kam mir beim Anblick wie ein Feigling bis in die Zehenspitzen vor. Vor sieben Monaten habe ich meine Schande gerächt, indem ich diesen Mob mit Kanonenkugeln zu Tode geprügelt habe. Nun, was ist damit? Hat Angst jemals einen Mann davon abgehalten, etwas zu tun, was er wirklich wollte – oder auch eine Frau? Niemals. Komm mit mir; und ich werde dir zwanzigtausend Feiglinge zeigen, die jeden Tag für den Preis eines Glases Brandy den Tod riskieren. Und glauben Sie, dass es in der Armee keine Frauen gibt, die mutiger sind als die Männer, weil ihr Leben weniger wert ist? Pscha ! Ich halte nichts von deiner Angst oder deinem Mut. Wenn du in Lodi zu mir hättest kommen müssen, hättest du keine Angst gehabt: Sobald du auf der Brücke warst, wäre jedes andere Gefühl vor der Notwendigkeit – der Notwendigkeit – untergegangen, an meine Seite zu kommen und zu bekommen, was du wolltest .

Und nun, angenommen, Sie hätten das alles getan – angenommen, Sie wären mit diesem Brief in der Hand sicher herausgekommen und wüssten, dass, als die Stunde gekommen war, Ihre Angst stärker geworden war, nicht Ihr Herz, sondern Ihr Griff um Ihr eigenes Ziel – das war der Fall Es war keine Angst mehr, sondern Stärke,

Durchdringung, Wachsamkeit, eiserne Entschlossenheit – wie würden Sie dann antworten, wenn Sie gefragt würden, ob Sie ein Feigling seien?

DAME (steht auf). Ah, du bist ein Held, ein echter Held.

NAPOLEON. Puh! Es gibt keinen echten Helden. (Er schlendert durch den Raum und macht sich über ihre Begeisterung lustig, ist aber keineswegs unzufrieden mit sich selbst, weil er sie geweckt hat.)

DAME. Ah ja, das gibt es. Es gibt einen Unterschied zwischen dem, was Sie meinen Mut nennen, und Ihrem. Du wolltest die Schlacht von Lodi für dich gewinnen und nicht für irgendjemand anderen, nicht wahr?

NAPOLEON. Natürlich. (Erinnert sich plötzlich.) Stopp: Nein. (Er reißt sich fromm zusammen und sagt wie ein Mann, der einen Gottesdienst leitet): Ich bin nur der Diener der französischen Republik und trete demütig in die Fußstapfen der Helden der klassischen Antike. Ich gewinne Schlachten für die Menschheit – für mein Land, nicht für mich.

DAME (enttäuscht). Oh, dann bist du doch nur ein weiblicher Held. (Sie setzt sich wieder hin, all ihre Begeisterung ist verflogen, ihr Ellbogen liegt auf dem Ende der Couch und ihre Wange ist auf ihre Hand gestützt.)

NAPOLEON (sehr erstaunt). Weibisch!

DAME (lustlos). Ja, wie ich. (Mit tiefer Wehmut.) Glaubst du, wenn ich diese Depeschen nur für mich wollte, würde ich es wagen, für sie in den Kampf zu ziehen? Nein, wenn das alles wäre, hätte ich nicht einmal den Mut, Sie um ein Treffen in Ihrem Hotel zu bitten. Mein Mut ist bloße Sklaverei: Er nützt mir nichts für meine eigenen Zwecke. Nur durch Liebe, durch Mitleid, durch den Instinkt, jemand anderen zu retten und zu beschützen, kann ich die Dinge tun, die mir Angst machen.

NAPOLEON (verächtlich). Pah! (Er wendet sich leicht von ihr ab.)

DAME. Aha! Jetzt siehst du, dass ich nicht wirklich mutig bin. (Rückfall in gereizte Lustlosigkeit.) Aber welches Recht hast du, mich zu verachten, wenn du deine Schlachten nur für andere gewinnst? für dein Land! durch Patriotismus! Das nenne ich weibisch: Es ist so typisch für einen Franzosen!

NAPOLEON (wütend). Ich bin kein Franzose.

DAME (unschuldig). Ich dachte, Sie sagten, Sie hätten die Schlacht von Lodi für Ihr Land gewonnen, General Bu – soll ich das auf Italienisch oder Französisch aussprechen?

NAPOLEON. Sie beanspruchen meine Geduld, Madam. Ich wurde als Französin geboren, aber nicht in Frankreich.

DAME (verschränket ihre Arme am Ende des Sofas und stützt sich mit deutlichem Interesse an ihm darauf). Ich glaube, Sie wurden überhaupt nicht als Subjekt geboren.

NAPOLEON (sehr erfreut, beginnt einen neuen Marsch). Äh? Äh? Du denkst nicht.

DAME. Ich bin mir sicher.

NAPOLEON. Na ja, vielleicht auch nicht. (Die Selbstgefälligkeit seiner Zustimmung ertönt ihm selbst. Er bleibt abrupt stehen und wird rot. Dann nimmt er eine feierliche Haltung ein, die den Helden der klassischen Antike nachempfunden ist, und schlägt einen hohen moralischen Ton an.) Aber wir dürfen nicht leben wir allein, Kleines. Vergessen Sie nie, dass wir immer an andere denken und für andere arbeiten und sie zu ihrem eigenen Wohl führen und regieren sollten. Selbstaufopferung ist die Grundlage allen wahren Charakters.

DAME (lockert erneut ihre Haltung mit einem Seufzer). Ah, es ist leicht zu erkennen, dass Sie es noch nie versucht haben, General.

NAPOLEON (empört, Brutus und Scipio völlig vergessend). Was meinen Sie mit dieser Rede, meine Dame?

DAME. Ist Ihnen nicht aufgefallen, dass Menschen den Wert der Dinge, die sie nicht haben, immer überbewerten? Die Armen glauben, sie bräuchten nur Reichtum, um glücklich und gut zu sein. Jeder verehrt Wahrheit, Reinheit und Selbstlosigkeit aus demselben Grund – weil er keine Erfahrung damit hat. Oh, wenn sie es nur wüssten!

NAPOLEON (mit wütendem Spott). Wenn sie es nur wüssten! Bete, weißt du?

DAME (mit nach unten gestreckten Armen und auf den Knien verschränkten Händen, den Blick gerade vor sich richtend). Ja. Ich hatte das Pech, gut geboren zu sein. (Blickt kurz zu ihm auf.) Und es ist ein Unglück, das kann ich Ihnen sagen, General. Ich bin wirklich ehrlich und selbstlos und so weiter; und es ist nichts als Feigheit; Mangel an Charakter; der Wunsch, wirklich, stark und positiv man selbst zu sein.

NAPOLEON. Ha? (Dreht sich schnell mit einem Anflug von starkem Interesse zu ihr um.)

DAME (ernsthaft, mit wachsender Begeisterung). Was ist das Geheimnis Ihrer Macht? Nur, dass du an dich glaubst. Du kannst für dich selbst und für niemanden sonst kämpfen und siegen. Du hast keine Angst vor deinem eigenen Schicksal. Du lehrst uns, was wir alle sein könnten, wenn wir den Willen und den Mut hätten; und das (die plötzlich vor ihm auf die Knie sinkt) ist der Grund, warum wir alle anfangen, dich anzubeten. (Sie küsst seine Hände.)

NAPOLEON (verlegen). Tut, tut! Bitte erheben Sie sich, meine Dame.

DAME. Lehnen Sie meine Huldigung nicht ab: Es ist Ihr Recht. Du wirst Kaiser von Frankreich sein.

NAPOLEON (eilig). Aufpassen. Verrat!

DAME (beharrt). Ja, Kaiser von Frankreich; dann von Europa; vielleicht von der Welt. Ich bin nur das erste Subjekt, das Treue schwört. (Küsst ihm erneut die Hand.) Mein Kaiser!

NAPOLEON (überwindet sie und richtet sie auf). Bete, bete. Nein, nein, Kleines: Das ist Torheit. Komm: sei ruhig, sei ruhig. (Streichelt sie.) So, da, mein Mädchen.

DAME (kämpft mit Freudentränen). Ja, ich weiß, dass es eine Unverschämtheit von mir ist, Ihnen zu sagen, was Sie viel besser wissen müssen als ich. Aber du bist doch nicht böse auf mich, oder?

NAPOLEON. Wütend! Nein, nein: kein bisschen, kein bisschen. Kommen Sie: Sie sind eine sehr kluge, vernünftige und interessante kleine Frau. (Er klopft ihr auf die Wange.) Sollen wir Freunde sein?

DAME (entzückt). Dein Freund! Du wirst mich dein Freund sein lassen! Oh! (Sie reicht ihm mit strahlendem Lächeln beide Hände.) Sie sehen: Ich zeige Ihnen mein Vertrauen.

NAPOLEON (mit einem Wutschrei und blitzenden Augen). Was!

DAME. Was ist los?

NAPOLEON. Zeigen Sie mir Ihr Vertrauen! Damit ich dir im Gegenzug mein Vertrauen beweisen kann, indem du mir den Zettel mit den Depeschen gibst , nicht wahr? Ah, Dalila, Dalila, du hast deine Tricks an mir ausprobiert; und ich war eine ebenso große Möwe wie mein Esel von einem Leutnant. (Er geht drohend auf sie zu.) Komm: die Depeschen . Schnell: Mit mir ist jetzt nicht zu spaßen.

DAME (fliegt um die Couch herum). Allgemein-

NAPOLEON. Schnell, sage ich dir. (Er geht schnell durch die Mitte des Raumes und fängt sie auf, als sie zum Weinberg geht.)

DAME (auf Distanz, stellt sich ihm entgegen). Du wagst es, mich in diesem Ton anzusprechen.

NAPOLEON. Wagen!

DAME. Ja, trau dich. Wer bist du, dass du dir anmaßen solltest, so grob mit mir zu reden? Oh, der abscheuliche, vulgäre korsische Abenteurer kommt ganz leicht in dir zum Vorschein.

NAPOLEON (außer sich). Du bist der Teufel! (Wild.) Noch einmal, und nur einmal, wirst du mir diese Papiere geben, oder soll ich sie dir entreißen – mit Gewalt?

DAME (lässt ihre Hände fallen). Reiße sie mir weg – mit Gewalt! (Während er sie anstarrt wie ein Tiger, der kurz vor dem Sprung steht, verschränkt sie in der Haltung einer Märtyrerin die Arme vor der Brust. Die Geste und Pose wecken sofort seinen theatralischen Instinkt: Er vergisst seine Wut in dem Wunsch, ihr das in der Schauspielerei zu zeigen Auch sie hat ihr Gegenstück gefunden. Er hält sie einen Moment in Atem, dann klärt er sich plötzlich auf, legt die Hände hinter sich und erregt Kühle, sieht sie ein paar Mal von oben bis unten an, nimmt eine Prise Schnupftabak; wischt sich vorsichtig die Finger ab und steckt sein Taschentuch hoch, wobei ihre heroische Pose immer lächerlicher wird.)

NAPOLEON (endlich). Also?

DAME (verwirrt, aber immer noch mit hingebungsvoll verschränkten Armen). Nun: Was wirst du tun?

NAPOLEON. Verwöhne deine Einstellung.

DAME. Du Unmensch! (Sie gibt die Haltung auf und kommt zum Ende des Sofas, wo sie sich mit dem Rücken dazu dreht, sich dagegen lehnt und ihn ansieht, die Hände auf dem Rücken.)

NAPOLEON. Ah, das ist besser. Jetzt hör mir zu. Ich mag dich. Darüber hinaus schätze ich Ihren Respekt.

DAME. Dann schätzen Sie, was Sie nicht haben.

NAPOLEON. Ich werde es gleich haben. Kümmere dich jetzt um mich. Angenommen, ich würde mich durch den Respekt, der Ihrem Geschlecht, Ihrer Schönheit, Ihrem Heldentum und allem anderen gebührt, schämen? Angenommen, ich stünde mit nichts als solch sentimentalem Zeug zwischen meinen Muskeln und den Papieren, die

Sie über Sie haben und die ich haben möchte und habe: Angenommen, ich würde, mit dem Preis in meiner Reichweite, ins Wanken geraten und mich davonschleichen mit leeren Händen; Oder, was wäre schlimmer, meine Schwäche zu vertuschen, indem ich den großmütigen Helden spiele und dir die Gewalt erspare, die ich nicht anzuwenden wagte, würdest du mich nicht aus der Tiefe deiner Frauenseele verachten? Wäre irgendeine Frau so ein Idiot? Nun, Bonaparte kann sich der Situation stellen und sich wie eine Frau verhalten, wenn es nötig ist. Verstehst du?

> Die Dame steht wortlos aufrecht und nimmt ein Päckchen Papiere aus ihrer Brust. Für einen Moment verspürt sie den starken Impuls, sie ihm ins Gesicht zu schmettern. Aber ihre gute Erziehung hält sie von jeder vulgären Erleichterungsmethode ab. Sie reicht sie ihm höflich und wendet nur den Kopf ab. In dem Moment, in dem er sie nimmt, eilt sie auf die andere Seite des Zimmers; bedeckt ihr Gesicht mit ihren Händen; und setzt sich, den Körper zur Stuhllehne abgewandt.

NAPOLEON (hämisch über die Papiere). Aha! Das ist richtig. Das ist richtig. (Bevor er sie öffnet, sieht er sie an und sagt) Entschuldigung. (Er sieht, dass sie ihr Gesicht verbirgt.) Sehr wütend auf mich, oder? (Er öffnet das Päckchen, dessen Siegel bereits gebrochen ist, und legt es auf den Tisch, um seinen Inhalt zu untersuchen.)

DAME (leise, nimmt ihre Hände herunter und zeigt, dass sie nicht weint, sondern nur nachdenkt). Nein. Du hattest recht. Aber es tut mir leid für dich.

NAPOLEON (hält inne, während er das oberste Papier aus dem Paket nimmt). Tut mir leid! Warum?

DAME. Ich werde zusehen, wie du deine Ehre verlierst.

NAPOLEON. Hm! Nichts Schlimmeres als das? (Er nimmt das Papier.)

DAME. Und dein Glück.

NAPOLEON. Glück, kleine Frau, ist für mich das Langweiligste auf der Welt. Sollte ich sein, was ich bin, wenn mir das Glück am Herzen liegt? Irgendetwas anderes?

DAME. Nichts – (Er unterbricht sie mit einem Ausruf der Befriedigung. Sie fährt leise fort) außer dass Sie in den Augen Frankreichs eine sehr dumme Figur abgeben werden.

NAPOLEON (schnell). Was? (Die Hand, die das Papier hält, sinkt unwillkürlich. Die Dame blickt ihn rätselhaft und in ruhiger Stille an. Er wirft den Brief hin und bricht in einen Schwall von Schimpfereien aus.) Was meinst du? Äh? Bist du wieder bei deinen Tricks? Glaubst du, ich weiß nicht, was diese Papiere enthalten? Ich werde Ihnen sagen. Zuerst meine Informationen über Beaulieus Rückzug. Es gibt nur zwei Dinge, die er tun kann – ein Idiot mit Lederhirn , der er ist! – sich in Mantua einzuschließen oder die Neutralität Venedigs zu verletzen, indem er Peschiera einnimmt . Du bist einer der Spione des alten Leatherbrain : Er hat herausgefunden, dass er betrogen wurde, und hat dich geschickt, um die Informationen unter allen Umständen abzufangen – als könnte ihn das vor MIR, dem alten Narren, retten! Bei den anderen Papieren handelt es sich lediglich um meine übliche Korrespondenz aus Paris, von der Sie nichts wissen.

DAME (schnell und sachlich). Allgemein: Lasst uns eine gerechte Aufteilung vornehmen. Nehmen Sie die Informationen, die Ihnen Ihre Spione über die österreichische Armee geschickt haben; und gib mir die Pariser Korrespondenz. Das wird mich zufriedenstellen.

NAPOLEON (die Kühle des Vorschlags raubt ihm den Atem). Ein fairer Di- (Er schnappt nach Luft.) Es scheint mir, Madame, dass Sie meine Briefe inzwischen als Ihr eigenes Eigentum betrachten, das ich Ihnen zu rauben versuche.

DAME (ernsthaft). Nein, bei meiner Ehre bitte ich um keinen Brief von Ihnen – nicht um ein Wort, das von Ihnen oder an Sie geschrieben wurde. Dieses Paket enthält einen gestohlenen Brief: einen Brief, den eine Frau an einen Mann geschrieben hat – einen Mann, nicht ihren Ehemann –, einen Brief, der Schande und Schande bedeutet ...

NAPOLEON. Ein Liebesbrief ?

DAME (bitter-süß). Was sonst als ein Liebesbrief könnte so viel Hass schüren?

NAPOLEON. Warum wird es an mich gesendet? Um den Ehemann in meine Gewalt zu bringen, nicht wahr?

DAME. Nein, nein: Es kann dir nichts nützen: Ich schwöre, es wird dich nichts kosten, es mir zu geben. Es wurde Ihnen aus reiner Bosheit zugesandt – einzig und allein, um die Frau zu verletzen, die es geschrieben hat.

NAPOLEON. Warum schickst du es dann nicht an ihren Mann statt an mich?

DAME (völlig verblüfft). Oh! (Sinkt zurück in den Stuhl.) Ich – ich weiß es nicht. (Sie bricht zusammen.)

NAPOLEON. Aha! Das dachte ich mir: eine kleine Romanze, um die Papiere zurückzubekommen. (Er wirft das Päckchen auf den Tisch und konfrontiert sie mit zynischer Gutmütigkeit.) Per Bacco, kleine Frau, ich kann nicht anders, als dich zu bewundern. Wenn ich so lügen könnte, würde mir das eine Menge Ärger ersparen.

DAME (händeringend). Oh, wie ich wünschte, ich hätte dir wirklich eine Lüge erzählt! Dann hättest du mir geglaubt. Die Wahrheit ist das Einzige, was niemand glauben wird.

NAPOLEON (mit grober Vertraulichkeit, sie behandelnd, als wäre sie eine Vivandiere). Hauptstadt! Hauptstadt! (Er legt seine Hände hinter sich auf den Tisch und erhebt sich darauf, wobei er mit in die Seite gestemmten Armen und weit gespreizten Beinen sitzt.) Kommen Sie: Ich bin ein echter Korse in meiner Liebe zu Geschichten. Aber ich könnte es ihnen besser sagen als du, wenn ich es mir in den Kopf setzen würde. Wenn Sie das nächste Mal gefragt werden, warum ein Brief, der Ihre Frau kompromittiert, nicht an ihren Ehemann geschickt werden sollte, antworten Sie einfach, dass der Ehemann ihn nicht lesen würde. Glaubst du, kleiner Unschuldiger, dass ein Mann von der öffentlichen Meinung dazu gezwungen werden möchte, eine Szene zu machen, ein Duell zu liefern, seinen Haushalt zu zerstören, seine Karriere durch einen Skandal zu schädigen, wenn er all das vermeiden kann, indem er vorsichtig ist? nicht zu wissen?

DAME (empört). Angenommen, dieses Paket enthielt einen Brief über Ihre eigene Frau?

NAPOLEON (beleidigt, vom Tisch fallend). Sie sind unverschämt, Madame.

DAME (demütig). Ich bitte um Ihren oben genannten Verdacht.

NAPOLEON (mit einer bewussten Annahme der Überlegenheit). Sie haben eine Indiskretion begangen. Ich verzeihe dir. Erlauben Sie sich in Zukunft nicht, echte Personen in Ihre Romanzen einzuführen.

DAME (ignoriert höflich eine Rede, die für sie nur einen Verstoß gegen die guten Manieren darstellt, und erhebt sich, um zum Tisch zu gehen). Allgemein: Da ist wirklich ein Frauenbrief. (Zeigt auf das Paket.) Gib es mir.

NAPOLEON (mit roher Prägnanz, sich bewegend, um zu verhindern, dass sie den Buchstaben zu nahe kommt). Warum?

DAME. Sie ist eine alte Freundin: Wir waren zusammen in der Schule. Sie hat mir geschrieben und mich gebeten, zu verhindern, dass der Brief in Ihre Hände fällt.

NAPOLEON. Warum wurde es mir zugesandt?

DAME. Weil es den Regisseur Barras kompromittiert.

NAPOLEON (runzelt die Stirn, offensichtlich erschrocken). Barras! (Hochmütig.) Passen Sie auf sich auf, Madame. Der Regisseur Barras ist mein persönlicher Freund.

DAME (nickt ruhig). Ja. Durch Ihre Frau sind Sie Freunde geworden.

NAPOLEON. Wieder! Habe ich dir nicht verboten, von meiner Frau zu sprechen? (Sie blickt ihn immer wieder neugierig an, ohne auf den Tadel Rücksicht zu nehmen. Immer gereizter legt er seine hochmütige Art ab, die ihn selbst etwas ungeduldig macht, und sagt misstrauisch und mit gesenkter Stimme: „Wer ist diese Frau, mit der Sie Mitleid haben?" so tief?

DAME. Oh, General! Wie könnte ich dir das sagen?

NAPOLEON (schlecht gelaunt, beginnt wieder in wütender Verwirrung herumzulaufen). Ja, ja: Steht einander bei. Ihr seid alle gleich, ihr Frauen.

DAME (empört). Wir sind nicht alle gleich, genauso wenig wie Sie. Glauben Sie, dass ich, wenn *ich* einen anderen Mann liebe, so tun sollte, als würde ich meinen Mann weiterhin lieben, oder Angst haben sollte, es ihm oder der ganzen Welt zu sagen? Aber diese Frau ist nicht so geschaffen. Sie regiert Männer, indem sie sie betrügt; und (mit Verachtung) es gefällt ihnen und sie lassen sich von ihr regieren. (Sie setzt sich wieder hin, mit dem Rücken zu ihm.)

NAPOLEON (ohne sich um sie zu kümmern). Barras, Barras I – (dreht sich sehr drohend zu ihr um, sein Gesicht verfinstert sich.) Pass auf dich auf, pass auf dich auf: Hörst du? Möglicherweise gehen Sie zu weit.

LADY (dreht ihm unschuldig ihr Gesicht zu). Was ist los?

NAPOLEON. Worauf deuten Sie hin? Wer ist diese Frau?

DAME (sieht seinem wütenden, suchenden Blick mit ruhiger Gleichgültigkeit entgegen, während sie da sitzt und zu ihm aufblickt, während ihr rechter Arm leicht auf der Rückenlehne ihres Stuhls ruht und ein Knie über das andere gekreuzt ist). Eine eitle, dumme, extravagante Kreatur mit einem sehr fähigen und ehrgeizigen Ehemann, der sie durch und durch kennt – weiß, dass sie ihn über ihr

Alter, ihr Einkommen, ihre soziale Stellung und alles, worüber dumme Frauen lügen, angelogen hat – weiß das sie ist unfähig, einem Prinzip oder einer Person treu zu bleiben; und doch konnte er nicht anders, als sie zu lieben – konnte dem Instinkt seines Mannes, sie für seinen eigenen Fortschritt bei Barras zu nutzen, nicht widerstehen.

NAPOLEON (in einem verstohlenen, kalt wütenden Flüstern). Das ist deine Rache, du Katze , dass du mir die Briefe geben musstest.

DAME. Unsinn! Oder meinst du, dass DU so ein Mann bist?

NAPOLEON (verärgert, verschränkt mit zuckenden Fingern die Hände auf dem Rücken und sagt, während er gereizt von ihr weg zum Kamin geht). Diese Frau wird mich um den Verstand bringen. (Zu ihr.) Los geht's.

DAME (unbeweglich sitzend). Nicht ohne diesen Brief.

NAPOLEON. Verschwinde, sage ich dir. (Geht vom Kamin zum Weinberg und zurück zum Tisch.) Du sollst keinen Brief haben. Ich mag dich nicht. Du bist eine abscheuliche Frau und so hässlich wie Satan. Ich lasse mich nicht gerne von fremden Frauen belästigen. Aus sein. (Er dreht ihr den Rücken zu. In stiller Belustigung legt sie ihre Wange auf ihre Hand und lacht ihn aus. Er dreht sich wieder um und verspottet sie wütend.) Ha! Ha! Ha! Worüber lachst du?

DAME. Auf Sie, General. Ich habe oft Menschen Ihres Geschlechts gesehen, die sich auf ein Haustier einließen und sich wie Kinder benahmen; Aber ich habe noch nie einen wirklich großartigen Mann gesehen, der das getan hat.

NAPOLEON (wirft ihr die Worte brutal ins Gesicht). Puh: Schmeichelei! Schmeichelei! grobe, unverschämte Schmeichelei!

DAME (springt auf, mit heller Röte in den Wangen). Oh, du bist zu schade. Behalte deine Briefe. Lesen Sie darin die Geschichte Ihrer eigenen Schande; und mögen sie dir viel Gutes tun. Auf Wiedersehen. (Sie geht empört zur Innentür.)

NAPOLEON. Mein eigenes-! Stoppen. Komm zurück. Komm zurück, ich befehle dir. (Sie ignoriert stolz seinen wilden, gebieterischen Tonfall und setzt ihren Weg zur Tür fort. Er stürzt sich auf sie, packt sie am Handgelenk und zerrt sie zurück.) Was meinen Sie nun? Erklären. Erkläre es dir, sage ich dir, oder – (Sie bedroht sie. Sie sieht ihn mit unerschütterlichem Trotz an.) Rrrr ! du hartnäckiger Teufel, du. Warum kann man eine zivile Frage nicht beantworten?

DAME (zutiefst beleidigt über seine Gewalt). Warum fragst du mich? Du hast die Erklärung.

NAPOLEON. Wo?

DAME (zeigt auf die Buchstaben auf dem Tisch). Dort. Sie müssen es nur lesen. (Er schnappt sich das Päckchen, zögert, sieht sie misstrauisch an und wirft es wieder hin.)

NAPOLEON. Sie scheinen Ihre Sorge um die Ehre Ihres alten Freundes vergessen zu haben.

DAME. Sie geht jetzt kein Risiko mehr ein: Sie versteht ihren Mann nicht ganz.

NAPOLEON. Dann soll ich den Brief lesen? (Er streckt seine Hand aus, als wollte er das Päckchen wieder aufnehmen, den Blick auf sie gerichtet.)

DAME. Ich sehe nicht ein, wie Sie das jetzt ganz gut vermeiden können. (Er zieht sofort seine Hand zurück.) Oh, hab keine Angst. Sie werden darin viele interessante Dinge finden.

NAPOLEON. Zum Beispiel?

DAME. Zum Beispiel ein Duell – mit Barras, eine häusliche Szene, ein zerrütteter Haushalt, ein öffentlicher Skandal, eine gescheiterte Karriere, alles Mögliche.

NAPOLEON. Hm! (Er sieht sie an, nimmt das Päckchen und betrachtet es, schürzt die Lippen und balanciert es in seiner Hand; sieht sie noch einmal an; gibt das Päckchen in seine linke Hand und legt es hinter seinen Rücken, wobei er seine rechte hebt, um daran zu kratzen Mit dem Hinterkopf dreht er sich um und geht zum Rand des Weinbergs, wo er einen Moment lang in Gedanken versunken in die Weinreben blickt. Die Dame beobachtet ihn schweigend, etwas schmähend. Plötzlich dreht er sich um und kommt wieder zurück , voller Kraft und Entschlossenheit.) Ich gebe Ihrer Bitte statt, Madame. Ihr Mut und Ihre Entschlossenheit verdienen den Erfolg. Nimm die Briefe, für die du so gut gekämpft hast; und denken Sie von nun an daran, dass Sie den abscheulichen, vulgären korsischen Abenteurer nach der Schlacht als ebenso großzügig gegenüber den Besiegten empfanden, wie er im Angesicht des Feindes davor entschlossen war. (Er bietet ihr das Paket an.)

DAME (ohne es zu nehmen und ihn scharf anzusehen). Was machst du jetzt, frage ich mich? (Er schleudert das Päckchen wütend zu Boden.) Aha! Ich glaube, ich habe diese Einstellung verdorben. (Sie macht ihm einen ziemlich spöttischen Knicks.)

NAPOLEON (ergreift es wieder). Wirst du die Briefe nehmen und gehen (und sie ihr zuwerfen)?

DAME (läuft um den Tisch herum). Nein: Ich will keine Briefe.

NAPOLEON. Vor zehn Minuten hätte Sie nichts anderes zufriedenstellen können.

DAME (hält den Tisch vorsichtig zwischen sich). Vor zehn Minuten hattest du mich nicht über alle Maßen beleidigt.

NAPOLEON. Ich – (schluckt seine Milz) Ich entschuldige mich.

DAME (kühl). Danke. (Mit erzwungener Höflichkeit reicht er ihr das Paket über den Tisch. Sie weicht einen Schritt aus der Reichweite zurück und sagt) Aber wollen Sie nicht wissen, ob die Österreicher in Mantua oder Peschiera sind?

NAPOLEON. Ich habe Ihnen bereits gesagt, dass ich meine Feinde ohne die Hilfe von Spionen besiegen kann, Madame.

DAME. Und der Brief! willst du das nicht lesen?

NAPOLEON. Sie haben gesagt, dass es nicht an mich gerichtet ist. Ich habe nicht die Angewohnheit, die Briefe anderer Leute zu lesen. (Er bietet erneut das Paket an.)

DAME. In diesem Fall besteht kein Einspruch gegen die Aufbewahrung. Ich wollte nur verhindern, dass Sie es lesen. (Fröhlich.) Guten Tag, General. (Sie dreht sich kühl zur Innentür.)

NAPOLEON (wirft das Päckchen wütend auf das Sofa). Der Himmel schenke mir Geduld! (Er geht entschlossen hinauf und stellt sich vor die Tür.) Spüren Sie eine persönliche Gefahr? Oder gehörst du zu den Frauen, die gerne schwarz und blau geschlagen werden?

DAME. Vielen Dank, General. Ich habe keinen Zweifel daran, dass das Gefühl sehr üppig ist. aber das wollte ich lieber nicht. Ich will einfach nur nach Hause, das ist alles. Ich war böse genug, deine Depeschen zu stehlen ; aber du hast sie zurückbekommen; und du hast mir vergeben, weil du (in vorsichtiger Wiedergabe seines rhetorischen Rhythmus) den Besiegten nach der Schlacht gegenüber genauso großzügig bist wie dem Feind davor standhaft gegenübertrittst. Willst du mir nicht Lebewohl sagen? (Sie reicht ihr liebevoll die Hand.)

NAPOLEON (wehrt den Vormarsch mit einer Geste konzentrierter Wut ab und öffnet die Tür, um heftig zu rufen). Giuseppe! (Lauter.) Giuseppe! (Er schlägt die Tür zu und gelangt in die Mitte des

Zimmers. Die Dame geht ein Stück in den Weinberg hinein, um ihm auszuweichen.)

GIUSEPPE (erscheint an der Tür). Exzellenz?

NAPOLEON. Wo ist dieser Narr?

GIUSEPPE. Er hat gemäß Ihren Anweisungen, Exzellenz, gut zu Abend gegessen und erweist mir nun die Ehre, mit mir zu spielen, um mir die Zeit zu vertreiben.

NAPOLEON. Schicken Sie ihn hierher. Bringt ihn hierher. Komm mit ihm. (Giuseppe eilt mit unerschütterlicher Bereitschaft davon. Napoleon wendet sich kurz an die Dame und sagt:) Ich muss Sie bitten, noch ein paar Augenblicke zu bleiben, Madame. (Er kommt zum Sofa. Sie kommt vom Weinberg auf der gegenüberliegenden Seite des Zimmers zur Anrichte und postiert sich dort, lehnt dagegen und beobachtet ihn. Er nimmt das Päckchen vom Sofa und knöpft es sich absichtlich sorgfältig an die Brust In der Tasche blickt er sie inzwischen mit einem Gesichtsausdruck an, der darauf hindeutet, dass sie bald den Sinn seines Vorgehens erfahren wird, und dass es ihr nicht gefallen wird. Es wird nichts mehr gesagt, bis der Leutnant eintrifft, gefolgt von Giuseppe, der bescheiden anwesend am Tisch steht. Der Leutnant, der weder Mütze noch Schwert noch Handschuhe trägt und durch das Essen viel bessere Laune und Laune hat, wählt die Seite der Dame und wartet ganz entspannt darauf, dass Napoleon beginnt.)

NAPOLEON. Leutnant.

LEUTNANT (ermutigend). Allgemein.

NAPOLEON. Ich kann diese Dame nicht dazu überreden, mir viele Informationen zu geben; Aber es besteht kein Zweifel daran, dass der Mann, der Sie Ihrer Obhut entzogen hat, wie sie Ihnen gegenüber zugab, ihr Bruder war.

Leutnant (triumphierend). Was habe ich Ihnen gesagt, General! Was habe ich dir gesagt!

NAPOLEON. Du musst diesen Mann finden. Ihre Ehre steht auf dem Spiel; und das Schicksal des Feldzugs, das Schicksal Frankreichs, Europas, der Menschheit könnte vielleicht von den Informationen abhängen, die diese Depeschen enthalten.

LEUTNANT. Ja, ich nehme an, sie sind wirklich ziemlich ernst (als ob ihm das vorher kaum in den Sinn gekommen wäre).

NAPOLEON (energisch). Sie sind so ernst, Sir, dass Sie in der Gegenwart Ihres Regiments degradiert werden, wenn Sie sie nicht wiedererlangen.

LEUTNANT. Wütend! Das wird dem Regiment nicht gefallen, das kann ich Ihnen sagen.

NAPOLEON. Persönlich tut es mir leid für dich. Ich würde die Angelegenheit gerne verheimlichen, wenn es möglich wäre. Aber ich werde zur Rechenschaft gezogen werden, weil ich den Depeschen nicht nachgekommen bin . Ich muss der ganzen Welt beweisen, dass ich sie nie erhalten habe, egal welche Konsequenzen dies für Sie haben mag. Es tut mir leid; aber du siehst, dass ich nicht anders kann.

LEUTNANT (gutmütig). Oh, nehmen Sie es sich nicht zu Herzen, General: Es ist wirklich sehr nett von Ihnen. Egal, was mit mir passiert: Ich werde irgendwie durchkommen; und wir werden die Österreicher für Sie besiegen, Depeschen hin oder her . Ich hoffe, Sie bestehen jetzt nicht darauf, dass ich mich auf die wilde Jagd nach dem Kerl begebe. Ich habe keine Ahnung, wo ich nach ihm suchen soll.

GIUSEPPE (ehrerbietig). Sie vergessen, Leutnant: Er hat Ihr Pferd.

LEUTNANT (startet). Ich habe es vergessen. (Entschlossen.) Ich werde ihm nachgehen, General: Ich werde dieses Pferd finden, wenn es irgendwo in Italien lebt. Und ich werde die Depeschen nicht vergessen : keine Angst. Giuseppe: Geh und sattel eines deiner räudigen alten Postpferde , während ich meine Mütze, mein Schwert und alles andere hole. Schneller Marsch. Weg mit dir (beschäftigt ihn).

GIUSEPPE. Sofort, Lieutenant, sofort. (Er verschwindet im Weinberg, wo das Licht jetzt mit dem Sonnenuntergang rot wird.)

Leutnant (sieht sich auf dem Weg zur Innentür um). Übrigens, General, habe ich Ihnen mein Schwert gegeben oder nicht? Oh, ich erinnere mich jetzt. (Verärgert.) Es ist so ein Unsinn, einen Mann zu verhaften: Man weiß nie, wo man ihn finden kann – (redet sich aus dem Raum.)

DAME (immer noch am Sideboard). Was bedeutet das alles, General?

NAPOLEON. Er wird deinen Bruder nicht finden.

DAME. Natürlich nicht. Es gibt keine solche Person.

NAPOLEON. Die Sendungen gehen unwiederbringlich verloren.

DAME. Unsinn! Sie sind in deinem Mantel.

NAPOLEON. Ich denke, es wird Ihnen schwer fallen, diese wilde Aussage zu beweisen. (Die Dame zuckt zusammen. Er fügt mit entscheidender Betonung hinzu) Diese Papiere sind verloren.

DAME (tritt ängstlich in die Ecke des Tisches). Und die Karriere dieses unglücklichen jungen Mannes wird geopfert.

NAPOLEON. Seine Karriere! Der Kerl ist das Schießpulver nicht wert, das es kosten würde, ihn erschießen zu lassen. (Er dreht sich verächtlich um und geht zum Kamin, wo er mit dem Rücken zu ihr steht.)

DAME (wehmütig). Du bist sehr hart. Männer und Frauen sind für euch nichts anderes als Dinge, die man benutzen kann, auch wenn sie bei der Nutzung kaputt gehen.

NAPOLEON (dreht sich zu ihr um). Wer von uns hat diesen Kerl gebrochen – ich oder du? Wer hat ihn um die Depeschen gebracht? Haben Sie damals an seine Karriere gedacht?

DAME (naiv besorgt um ihn). Oh, daran habe ich nie gedacht. Es war brutal von mir; aber ich konnte nicht anders, oder? Wie sonst hätte ich an die Papiere kommen können? (Bittend.) Allgemein: Sie werden ihn vor der Schande bewahren.

NAPOLEON (lacht säuerlich). Rette ihn selbst, denn du bist so schlau: Du warst es, der ihn ruiniert hat. (Mit wilder Intensität.) Ich HASSE einen schlechten Soldaten.

> Entschlossen geht er durch den Weinberg. Sie folgt ihm mit einer flehenden Geste ein paar Schritte, wird jedoch durch die Rückkehr des Leutnants unterbrochen, behandschuht und mit Mütze, mit aufgesetztem Degen, fahrbereit. Er geht gerade zur Außentür, als sie ihn abfängt.

DAME. Leutnant.

LEUTNANT (wichtig). Du darfst mich nicht aufhalten, weißt du? Pflicht, Madame, Pflicht.

DAME (flehentlich). Oh, Sir, was werden Sie mit meinem armen Bruder machen?

LEUTNANT. Magst du ihn sehr?

DAME. Ich sollte sterben, wenn ihm etwas passieren würde. Du musst ihn verschonen. (Der Leutnant schüttelt düster den Kopf.) Ja, ja: Sie müssen: Sie sollen: Er ist nicht sterbensfähig. Hört mir zu. Wenn ich Ihnen sage, wo Sie ihn finden können – wenn ich es verpflichte, ihn als Gefangenen in Ihre Hände zu legen, damit er von Ihnen an General Bonaparte übergeben wird –, versprechen Sie mir bei Ihrer Ehre als Offizier und Gentleman, nicht mit ihm zu kämpfen? ihn in irgendeiner Weise unfreundlich behandeln?

LEUTNANT. Aber nehmen wir an, er greift mich an. Er hat meine Pistolen.

DAME. Er ist ein zu großer Feigling.

LEUTNANT. Da bin ich mir nicht so sicher. Er ist zu allem fähig.

DAME. Wenn er Sie angreift oder sich Ihnen in irgendeiner Weise widersetzt, entbinde ich Sie von Ihrem Versprechen.

LEUTNANT. Mein Versprechen! Ich wollte es nicht versprechen. Schauen Sie hier: Sie sind genauso schlecht wie er: Sie haben mich durch die bessere Seite meiner Natur ausgenutzt. Was ist mit meinem Pferd?

DAME. Teil der Abmachung ist, dass Sie Ihr Pferd und Ihre Pistolen zurückbekommen.

LEUTNANT. Ehre hell?

DAME. Ehre hell. (Sie bietet ihre Hand an.)

Leutnant (nimmt es und hält es). Also gut: Ich werde so sanft wie ein Lamm zu ihm sein. Seine Schwester ist eine sehr hübsche Frau. (Er versucht sie zu küssen.)

DAME (entweicht ihm). Oh, Leutnant! Sie vergessen: Ihre Karriere steht auf dem Spiel – das Schicksal Europas – der Menschheit.

LEUTNANT. Oh, stört das Schicksal der Menschheit (für sie sorgend). Nur ein Kuss.

DAME (geht um den Tisch herum). Erst wenn Sie Ihre Offiziersehre wiedererlangt haben. Denken Sie daran: Sie haben meinen Bruder noch nicht gefangen genommen.

LEUTNANT (verführerisch). Du wirst mir doch sagen, wo er ist, nicht wahr?

DAME. Ich muss ihm nur ein bestimmtes Signal senden; und er wird in einer Viertelstunde hier sein.

LEUTNANT. Dann ist er also nicht mehr weit.

DAME. Nein: ganz nah dran. Warte hier auf ihn: Wenn er meine Nachricht erhält, wird er sofort hierher kommen und sich dir ergeben. Du verstehst?

LEUTNANT (intellektuell überfordert). Nun, es ist ein wenig kompliziert; aber ich wage zu behaupten, dass alles gut wird.

DAME. Und denken Sie nicht, dass es besser wäre, sich mit dem General abzufinden, während Sie warten?

LEUTNANT. Oh, schauen Sie, das wird furchtbar kompliziert. Welche Begriffe?

DAME. Lassen Sie ihn versprechen, dass er davon ausgehen wird, dass Sie Ihren Charakter als Soldat geklärt haben, wenn Sie meinen Bruder fangen. Unter dieser Bedingung wird er Ihnen alles versprechen, was Sie verlangen.

LEUTNANT. Das ist keine schlechte Idee. Danke: Ich denke, ich werde es versuchen.

DAME. Tun. Und denken Sie vor allem daran, dass er nicht sieht, wie schlau Sie sind.

LEUTNANT. Ich verstehe. Er wäre eifersüchtig.

DAME. Sagen Sie ihm nichts, außer dass Sie entschlossen sind, meinen Bruder zu fangen oder bei dem Versuch umzukommen. Er wird dir nicht glauben. Dann wirst du meinen Bruder hervorbringen –

LIEUTENANT (unterbricht, während er die Handlung beherrscht). Und lacht über ihn! Ich sage: Was für eine kluge kleine Frau du bist! (schreit.) Giuseppe!

DAME. Sch ! Kein Wort zu Giuseppe über mich. (Sie legt ihren Finger auf ihre Lippen. Er tut dasselbe. Sie sehen sich warnend an. Dann ändert sie mit einem hinreißenden Lächeln die Geste, um ihm einen Kuss zuzuwinken, und rennt durch die Innentür hinaus. Elektrisiert platzt er bricht in eine Salve von Kichern aus. Giuseppe kommt durch die Außentür zurück.)

GIUSEPPE. Das Pferd ist bereit, Leutnant.

LEUTNANT. Ich gehe noch nicht. Gehen Sie und suchen Sie den General und sagen Sie ihm, dass ich mit ihm sprechen möchte.

GIUSEPPE (schüttelt den Kopf). Das wird niemals genügen, Lieutenant.

LEUTNANT. Warum nicht?

GIUSEPPE. In dieser bösen Welt kann ein General einen Leutnant holen; aber ein Leutnant darf keinen General rufen.

LEUTNANT. Oh, du denkst, es würde ihm nicht gefallen. Nun, vielleicht haben Sie recht: Da wir eine Republik haben, muss man in solchen Dingen sehr genau sein.

> Napoleon taucht wieder auf, verlässt den Weinberg und knöpft sich die Brust seines Mantels zu, bleich und voller nagender Gedanken.

GIUSEPPE (ohne sich der Annäherung Napoleons bewusst zu sein). Ganz wahr, Lieutenant, ganz wahr. Sie sind jetzt alle wie Gastwirte in Frankreich: Sie müssen zu jedem höflich sein.

NAPOLEON (legt Giuseppe die Hand auf die Schulter). Und das zerstört den ganzen Wert der Höflichkeit, oder?

LEUTNANT. Genau der Mann, den ich wollte! Sehen Sie hier, General: Angenommen, ich fange diesen Kerl für Sie!

NAPOLEON (mit ironischem Ernst). Du wirst ihn nicht fangen, mein Freund.

LEUTNANT. Aha! das denkst du; aber du wirst sehen. Warte einfach. Aber wenn ich ihn fange und dir übergebe, wirst du dann aufhören? Wollen Sie das alles fallen lassen, dass Sie mich in Gegenwart meines Regiments erniedrigen? Nicht, dass es mir etwas ausmacht, wissen Sie; Aber trotzdem mag es kein Regiment, wenn alle anderen Regimenter darüber lachen.

NAPOLEON. (ein kalter Strahl Humor strahlt blass durch seine Düsternis). Was sollen wir mit diesem Offizier machen, Giuseppe? Alles, was er sagt, ist falsch.

GIUSEPPE (prompt). Machen Sie ihn zum General, Exzellenz; und dann wird alles, was er sagt, richtig sein.

Leutnant (kräht). Haw-aw! (Er wirft sich begeistert auf die Couch, um den Witz zu genießen.)

NAPOLEON (lachend und kneift Giuseppe ins Ohr). Du wirst in diesem Gasthaus weggeworfen, Giuseppe. (Er setzt sich und stellt Giuseppe vor sich wie ein Schulmeister mit einem Schüler.) Soll ich dich mitnehmen und einen Mann aus dir machen?

GIUSEPPE (schüttelt schnell und wiederholt den Kopf). Nein, danke, General. Mein ganzes Leben lang wollten Menschen einen Mann aus mir machen. Als ich ein Junge war, wollte unser guter Priester einen Mann aus mir machen, indem er mir Lesen und Schreiben beibrachte. Dann wollte der Organist von Melegnano einen Mann aus mir machen, indem er mir das Notenlesen beibrachte. Der Rekrutierungssergeant hätte einen Mann aus mir gemacht, wenn ich ein paar Zentimeter größer gewesen wäre. Aber es bedeutete immer, mich arbeiten zu lassen; und dafür bin ich zu faul, Gott sei Dank! Also brachte ich mir selbst das Kochen bei und wurde Gastwirt; und jetzt habe ich Bedienstete, die die Arbeit erledigen, und habe selbst nichts anderes zu tun als zu reden, was mir vollkommen passt.

NAPOLEON (sieht ihn nachdenklich an). Du bist zufrieden?

GIUSEPPE (mit heiterer Überzeugung). Ganz , Exzellenz.

NAPOLEON. Und du hast keinen verschlingenden Teufel in dir, der mit Taten und Siegen gefüttert werden muss – Tag und Nacht damit gesättigt –, der dich mit dem Schweiß deines Gehirns und deines Körpers wochenlange Herkulesarbeit für zehn Minuten Vergnügen bezahlen lässt – wer ist das? gleichzeitig dein Sklave und dein Tyrann, dein Genie und dein Untergang – der dir in der einen Hand eine Krone und in der anderen das Ruder eines Galeerensklaven bringt – der dir alle Königreiche der Erde zeigt und anbietet, dich zu ihrem Herrn zu machen Bedingung, dass du ihr Diener wirst! – hast du nichts davon in dir?

GIUSEPPE. Nichts davon! Oh, ich versichere Ihnen, Exzellenz, MEIN verschlingender Teufel ist weitaus schlimmer. Er bietet mir keine Kronen und Königreiche an: Er erwartet, alles umsonst zu bekommen – Würstchen, Omeletts , Weintrauben, Käse, Polenta, Wein – dreimal am Tag, Exzellenz: Nichts weniger wird ihn zufriedenstellen.

LEUTNANT. Komm, lass es, Giuseppe: Du machst mich wieder hungrig.

> (Giuseppe zieht sich mit einem entschuldigenden Achselzucken aus dem Gespräch zurück und beschäftigt sich mit dem Abstauben des Tisches, dem Aufrichten der Karte und dem Zurückstellen von Napoleons Stuhl, den die Dame zurückgeschoben hat.)

NAPOLEON (wendet sich mit sardonischer Zeremonie an den Leutnant). Ich hoffe, *ich* habe Sie nicht ehrgeizig gemacht.

LEUTNANT. Überhaupt nicht: Ich fliege nicht so hoch. Außerdem: Mir geht es besser, so wie ich bin: Männer wie ich werden gerade in der Armee gesucht. Tatsache ist, dass die Revolution für die Zivilbevölkerung sehr gut lief; aber in der Armee wird es nicht funktionieren. Sie wissen, was Soldaten sind, General: Sie werden

Familienmänner als Offiziere haben. Ein Subaltern muss ein Gentleman sein, weil er viel mit den Männern in Kontakt steht. Aber ein General oder sogar ein Oberst kann ein beliebiges Gesindel sein, wenn er sich in der Materie gut genug auskennt. Ein Leutnant ist ein Gentleman, alles andere ist Zufall. Wer, glauben Sie, hat die Schlacht von Lodi gewonnen? Ich werde Ihnen sagen. Mein Pferd hat es getan.

NAPOLEON (steht auf) Ihre Torheit geht zu weit, Sir. Aufpassen.

LEUTNANT. Nicht ein bisschen davon. Erinnern Sie sich an die glühende Kanonade auf der anderen Seite des Flusses: Die Österreicher haben auf Sie geschossen, um Sie am Überqueren zu hindern, und Sie haben auf sie geschossen, um zu verhindern, dass sie die Brücke in Brand gesteckt haben? Hast du bemerkt, wo ich damals war?

NAPOLEON (mit drohender Höflichkeit). Es tut mir leid. Ich fürchte, ich war im Moment ziemlich beschäftigt.

GIUSEPPE (mit großer Bewunderung). Es heißt, Sie seien vom Pferd gesprungen und hätten mit Ihren eigenen Händen die großen Geschütze bedient, General.

LEUTNANT. Das war ein Fehler: Ein Offizier sollte sich niemals auf das Niveau seiner Männer herabstufen. (Napoleon wirft ihm einen gefährlichen Blick zu und beginnt, wie ein Tiger auf und ab zu gehen.) Aber Sie hätten vielleicht immer noch auf die Österreicher schießen können, wenn wir Kavalleristen nicht die Furt gefunden hätten, hinübergekommen wären und die Flanke des alten Beaulieu für Sie umgedreht hätten. Sie wissen, dass Sie den Befehl zum Angriff auf die Brücke nicht gegeben hätten, wenn Sie uns nicht auf der anderen Seite gesehen hätten. Folglich sage ich, dass derjenige, der diese Furt gefunden hat, die Schlacht von Lodi gewonnen hat. Na, wer hat es gefunden? Ich war der erste Mann, der überquerte: und ich weiß es. Es war mein Pferd, das es gefunden hat. (Mit Überzeugung erhebt er sich von der Couch.) Dieses Pferd ist der wahre Eroberer der Österreicher.

NAPOLEON (leidenschaftlich). Du Idiot: Ich lasse dich erschießen, weil du diese Depeschen verloren hast. Ich lasse dich aus der Mündung einer Kanone sprengen: Nichts weniger könnte einen Eindruck auf dich machen. (Bläfft ihn an.) Hörst du? Verstehst du?

    Ein französischer Offizier tritt unbemerkt ein, seinen Säbel in der Scheide in der Hand.

LEUTNANT (unverschämt). WENN ich ihn nicht gefangen nehme, General. Denken Sie an das Wenn.

NAPOLEON. Wenn! Wenn!! Arsch: Es gibt keinen solchen Mann.

DER OFFIZIER (tritt plötzlich zwischen sie und spricht mit der unverwechselbaren Stimme der Fremden Dame). Leutnant: Ich bin Ihr Gefangener. (Sie bietet ihm ihren Säbel an. Sie sind erstaunt. Napoleon starrt sie einen Moment lang wie vom Blitz getroffen an, dann packt er sie am Handgelenk und zerrt sie unsanft zu sich, wobei er sie genau und grimmig ansieht, um sich über ihre Identität zu vergewissern; denn jetzt Es beginnt sich schnell zu verdunkeln und der rote Schein über dem Weinberg weicht dem klaren Sternenlicht.)

NAPOLEON. Pah ! (Er wirft ihre Hand mit einem Ausruf des Ekels weg und dreht ihr den Rücken zu, die Hand in die Brust gelegt und die Braue gesenkt.)

Leutnant (triumphierend, den Säbel nehmend). So einen Mann gibt es nicht: Was, General? (Zur Dame.) Ich sage: Wo ist mein Pferd?

DAME. Sicher in Borghetto , wir warten auf Sie, Leutnant.

NAPOLEON (dreht sich zu ihnen um). Wo sind die Depeschen ?

DAME. Das würde man nie erraten. Sie befinden sich am unwahrscheinlichsten Ort der Welt. Hat jemand von euch meine Schwester hier getroffen?

LEUTNANT. Ja. Sehr nette Frau. Sie ist wunderbar wie du; aber natürlich sieht sie besser aus.

DAME (geheimnisvoll). Wussten Sie, dass sie eine Hexe ist?

GIUSEPPE (läuft erschrocken auf sie zu und bekreuzigt sich). Oh, nein, nein, nein. Es ist nicht sicher, über solche Dinge zu scherzen. Ich kann es nicht in meinem Haus haben, Exzellenz.

LEUTNANT. Ja, lass es fallen. Du bist mein Gefangener, weißt du? Natürlich glaube ich nicht an solchen Unsinn; aber dennoch ist es kein geeignetes Thema zum Scherzen.

DAME. Aber das ist sehr ernst. Meine Schwester hat den General verhext. (Giuseppe und der Leutnant weichen vor Napoleon zurück.) General: Öffnen Sie Ihren Mantel: In dessen Brust finden Sie die Depeschen . (Sie legt schnell ihre Hand auf seine Brust.) Ja, da sind sie: Ich kann sie fühlen. Äh? (Sie schaut ihm halb schmeichelnd, halb spöttisch ins Gesicht.) Erlauben Sie mir, General? (Sie nimmt einen Knopf, als wollte sie seinen Mantel aufknöpfen, und hält inne, um um Erlaubnis zu bitten.)

NAPOLEON (unergründlich). Wenn Sie sich trauen.

DAME. Danke schön. (Sie öffnet seinen Mantel und holt die Depeschen heraus.) Da! (Zu Giuseppe und zeigt ihm die Depeschen.) Sehen Sie!

GIUSEPPE (fliegt zur Außentür). Nein, im Namen des Himmels! Sie sind verzaubert.

DAME (wendet sich an den Leutnant). Hier, Leutnant: SIE haben keine Angst vor ihnen.

Leutnant (zieht sich zurück). Bleib weg. (Ergreift den Griff des Säbels.) Bleiben Sie fern, sage ich Ihnen.

DAME (zu Napoleon). Sie gehören Ihnen, General. Nehmen Sie sie.

GIUSEPPE. Fassen Sie sie nicht an, Exzellenz. Habe nichts mit ihnen zu tun.

LEUTNANT. Seien Sie vorsichtig, General: Seien Sie vorsichtig.

GIUSEPPE. Verbrenne sie. Und verbrenne auch die Hexe.

DAME (zu Napoleon). Soll ich sie verbrennen?

NAPOLEON (nachdenklich). Ja, verbrenne sie. Giuseppe: Geh und hol Licht.

GIUSEPPE (zitternd und stotternd). Meinst du, allein – im Dunkeln – mit einer Hexe im Haus zu gehen?

NAPOLEON. Pscha! Du bist ein Schwachkopf. (Zum Leutnant.) Bitten Sie mich, indem Sie gehen, Leutnant.

Leutnant (protestiert). Oh, sage ich, General! Nein, schau her, weißt du: Niemand kann sagen, dass ich nach Lodi ein Feigling bin. Aber von mir zu verlangen, dass ich nach solch einem schrecklichen Gespräch allein und ohne Kerze in die Dunkelheit gehen soll, ist etwas zu viel. Wie möchten Sie es selbst machen?

NAPOLEON (gereizt). Sie weigern sich, meinem Befehl Folge zu leisten?

LEUTNANT (entschlossen). Ja, das tue ich. Das ist nicht vernünftig. Aber ich sage dir, was ich tun werde. Wenn Giuseppe geht, werde ich mit ihm gehen und ihn beschützen.

NAPOLEON (zu Giuseppe). Dort! Wird dich das zufriedenstellen? Geht weg, ihr beide.

GIUSEPPE (demütig, seine Lippen zittern). W – gerne, Exzellenz. (Er geht widerstrebend zur Innentür.) Der Himmel beschütze mich! (Zum Leutnant.) Nach Ihnen, Leutnant.

LEUTNANT. Du gehst besser zuerst: Ich kenne den Weg nicht.

GIUSEPPE. Sie können es nicht verpassen. Außerdem (beschwörend und dabei die Hand auf den Ärmel legend) bin ich nur ein armer Gastwirt; und du bist ein Mann mit Familie.

LEUTNANT. Da ist etwas dran. Hier: Du brauchst nicht so viel Angst zu haben. Nimm meinen Arm. (Giuseppe tut es.) So ist es .(Sie gehen Arm in Arm hinaus. Es ist jetzt sternenklare Nacht. Die Dame wirft das Päckchen auf den Tisch, setzt sich bequem auf die Couch und genießt das Gefühl der Freiheit ohne Unterröcke.)

DAME. Nun, General: Ich habe dich geschlagen.

NAPOLEON (geht umher). Du hast dich der Unfeinheit – der Unweiblichkeit – schuldig gemacht. Halten Sie dieses Kostüm für angemessen?

DAME. Mir kommt es so vor, als wäre es das Gleiche wie bei Ihnen.

NAPOLEON. Pscha ! Ich werde für dich rot.

DAME (naiv). Ja: Soldaten erröten so leicht! (Er knurrt und wendet sich ab. Sie sieht ihn schelmisch an, während sie die Depeschen in ihrer Hand balanciert.) Möchten Sie diese nicht lesen, bevor sie verbrannt werden, General? Sie müssen vor Neugier sterben. Werfen Sie einen Blick darauf. (Sie wirft das Päckchen auf den Tisch und wendet ihr Gesicht davon ab.) Ich werde nicht hinsehen.

NAPOLEON. Ich bin überhaupt nicht neugierig, Madame. Da Sie aber offensichtlich darauf brennen, sie zu lesen, erlaube ich Ihnen, dies zu tun.

DAME. Oh, ich habe sie bereits gelesen.

NAPOLEON (startet). Was!

DAME. Ich las sie als erstes, nachdem ich auf dem Pferd des armen Leutnants davongeritten war. Sie sehen also , ich weiß, was darin enthalten ist; und das tust du nicht.

NAPOLEON. Entschuldigung: Ich habe sie vor zehn Minuten dort im Weinberg gelesen.

DAME. Oh! (Springt auf.) Oh, General, ich habe Sie nicht geschlagen. Ich bewundere dich so sehr. (Er lacht und tätschelt ihre Wange.) Diesmal erweist ich dir wirklich und wahrhaftig ohne Vortäuschung meine Ehrerbietung (und küsse seine Hand).

NAPOLEON (zieht es schnell zurück). Brr! Tu das nicht. Keine Hexerei mehr.

DAME. Ich möchte Ihnen etwas sagen – nur Sie würden es falsch verstehen.

NAPOLEON. Muss dich das aufhalten?

DAME. Nun, das ist es. Ich verehre einen Mann, der keine Angst davor hat, gemein und egoistisch zu sein.

NAPOLEON (empört). Ich bin weder gemein noch egoistisch.

DAME. Oh, du schätzt dich selbst nicht. Außerdem meine ich nicht wirklich Gemeinheit und Egoismus.

NAPOLEON. Danke schön. Ich dachte, vielleicht hast du es getan.

DAME. Nun, natürlich tue ich das. Aber was ich meine, ist eine gewisse starke Einfachheit an dir.

NAPOLEON. Das ist besser.

DAME. Du wolltest die Briefe nicht lesen; aber du warst neugierig, was darin war. Also bist du in den Garten gegangen und hast sie gelesen, als niemand zusah, und bist dann zurückgekommen und hast so getan, als hättest du es nicht getan. Das ist das Schlimmste, was ich je bei einem Mann erlebt habe. aber es hat genau deinen Zweck erfüllt; und deshalb hatten Sie kein bisschen Angst oder Scham, es zu tun.

NAPOLEON (abrupt). Woher haben Sie all diese vulgären Skrupel – dieses (mit verächtlichem Nachdruck) Gewissen? Ich hielt Sie für eine Dame – eine Aristokratin. War Ihr Großvater ein Ladenbesitzer, bitte?

DAME. Nein: Er war ein Engländer.

NAPOLEON. Das erklärt es. Die Engländer sind eine Nation von Ladenbesitzern. Jetzt verstehe ich, warum du mich geschlagen hast.

DAME. Oh, ich habe dich nicht geschlagen. Und ich bin kein Engländer.

NAPOLEON. Ja, das sind Sie – Englisch bis ins Mark. Hören Sie mir zu: Ich werde Ihnen das Englische erklären.

DAME (eifrig). Tun. (Mit einer lebhaften Miene, als würde sie auf ein intellektuelles Vergnügen warten, setzt sie sich auf die Couch und bereitet sich darauf vor, ihm zuzuhören. Nachdem er sich seines Publikums sicher ist, bereitet er sich sofort auf eine Aufführung vor. Er denkt ein wenig nach, bevor er beginnt; um Fesseln Sie ihre Aufmerksamkeit durch einen Moment der Spannung. Sein Stil ist zunächst Talmas in Corneilles „Cinna" nachempfunden, aber er verliert sich etwas in der Dunkelheit, und Talma weicht bald Napoleon, dessen Stimme mit verblüffender Intensität durch die Dunkelheit ertönt.)

NAPOLEON. Es gibt drei Arten von Menschen auf der Welt: die niedrigen Menschen, die mittleren Menschen und die hohen Menschen. In einem sind sich die niedrigen und die hohen Leute einig: Sie haben keine Skrupel, keine Moral. Die Niedrigen liegen unter der Moral, die Hohen darüber. Ich fürchte mich vor keinem von beiden: denn die Niedrigen sind ohne Wissen skrupellos, so dass sie ein Idol aus mir machen; während die Hohen skrupellos und zwecklos sind, so dass sie vor meinem Willen untergehen. Schauen Sie: Ich werde über alle Pöbel und alle Höfe Europas gehen, wie ein Pflug über ein Feld geht. Es sind die mittleren Menschen, die gefährlich sind: Sie haben sowohl Wissen als auch Ziele. Aber auch sie haben ihre Schwachstelle. Sie sind voller Skrupel – an Händen und Füßen gefesselt durch ihre Moral und Seriosität.

DAME. Dann wirst du die Engländer schlagen; denn alle Ladenbesitzer sind mittlere Leute.

NAPOLEON. Nein, denn die Engländer sind eine Rasse für sich. Kein Engländer ist zu niedrig, um Skrupel zu haben; kein Engländer ist hoch genug, um von ihrer Tyrannei frei zu sein. Aber jeder Engländer wird mit einer gewissen Wunderkraft geboren, die ihn zum Herrscher über die Welt macht. Wenn er etwas will, sagt er sich nie, dass er es will. Er wartet geduldig, bis ihm – niemand weiß wie – die brennende Überzeugung in den Sinn kommt, dass es seine moralische und religiöse Pflicht ist, diejenigen zu erobern, die das haben, was er will. Dann wird er unwiderstehlich. Wie der Aristokrat tut er, was ihm gefällt, und schnappt sich, was er will: Wie der Ladenbesitzer verfolgt er sein Ziel mit dem Fleiß und der Standhaftigkeit, die einer starken religiösen Überzeugung und einem tiefen Sinn für moralische Verantwortung entspringen. Um eine wirksame moralische Haltung ist er nie verlegen. Als großer Verfechter der Freiheit und nationalen Unabhängigkeit erobert und annektiert er die halbe Welt und nennt es Kolonisierung. Als er einen neuen Markt für seine manipulierten Waren aus Manchester will, schickt er einen Missionar, um den Eingeborenen das Evangelium des Friedens zu lehren. Die Eingeborenen töten den Missionar: Er greift zu den Waffen, um das Christentum zu verteidigen ; kämpft dafür; siegt dafür; und nimmt den Markt als Belohnung vom Himmel. Zur Verteidigung seiner Inselküste setzt er einen Kaplan an Bord seines Schiffes; nagelt eine Fahne mit einem Kreuz darauf an seinen galanten Mast; und segelt bis an die Enden der Erde und versenkt, verbrennt und vernichtet alle, die ihm die Herrschaft über die Meere streitig machen. Er prahlt damit, dass ein Sklave frei ist, sobald sein Fuß britischen Boden berührt; und er verkauft die Kinder seiner Armen im Alter von sechs

Jahren, um sechzehn Stunden am Tag unter der Peitsche in seinen Fabriken zu arbeiten. Er macht zwei Revolutionen und erklärt dann unserer Revolution im Namen von Recht und Ordnung den Krieg. Es gibt nichts, das so schlecht oder so gut ist, dass es nicht auch Engländer gibt, die es tun; aber Sie werden nie einen Engländer im Unrecht finden. Er macht alles aus Prinzip. Er bekämpft Sie nach patriotischen Prinzipien; er beraubt dich aus geschäftlichen Gründen; er versklavt dich nach imperialen Prinzipien; er schikaniert dich aufgrund männlicher Prinzipien; Er unterstützt seinen König aus loyalen Grundsätzen und schlägt ihm aus republikanischen Grundsätzen den Kopf ab. Sein Motto ist immer Pflicht; und er vergisst nie, dass die Nation verloren ist, die zulässt, dass ihre Pflicht ihren Interessen entgegensteht. Er-

DAME. Wwwww- wh ! Halten Sie einen Moment inne. Ich möchte wissen, wie Sie mich in diesem Tempo als Engländerin darstellen.

NAPOLEON (lässt seinen rhetorischen Stil fallen). Es ist klar genug. Du wolltest ein paar Briefe, die mir gehörten. Sie haben den Morgen damit verbracht, sie zu stehlen – ja, sie zu stehlen, durch einen Straßenraub. Und Sie haben den Nachmittag damit verbracht, mich in dieser Hinsicht in Unrecht zu setzen – indem Sie annahmen, dass ich es war, der IHRE Briefe stehlen wollte – und erklärten, dass alles durch meine Gemeinheit und Selbstsucht und Ihre Güte, Ihre Hingabe, Ihr Selbst zustande kam -opfern. Das ist Englisch.

DAME. Unsinn. Ich bin mir sicher, dass ich kein bisschen Englisch bin. Die Engländer sind ein sehr dummes Volk.

NAPOLEON. Ja, manchmal sind sie zu dumm, um zu wissen, wann sie geschlagen sind. Aber ich gebe zu, dass Ihr Gehirn nicht englisch ist. Wissen Sie, obwohl Ihr Großvater ein Engländer war, war Ihre Großmutter – was? Eine Französin?

DAME. Ach nein. Eine Irin.

NAPOLEON (schnell). Irisch! (Nachdenklich.) Ja: Ich habe die Iren vergessen. Eine englische Armee unter der Führung eines irischen Generals: Das könnte einer französischen Armee unter der Führung eines italienischen Generals ebenbürtig sein. (Er macht eine Pause und fügt halb scherzhaft, halb launisch hinzu) Auf jeden Fall hast DU mich geschlagen; und was einen Mann zuerst schlägt, wird ihn zuletzt schlagen. (Er geht nachdenklich in den mondbeschienenen Weinberg und schaut nach oben. Sie schleicht hinter ihm her. Sie wagt es, ihre Hand auf seine Schulter zu legen, überwältigt von der Schönheit der Nacht und ermutigt durch ihre Dunkelheit.)

DAME (leise). Wo schaust du hin?

NAPOLEON (zeigt nach oben). Mein Stern.

DAME. Glaubst du daran?

NAPOLEON. Ich tue. (Sie betrachten es einen Moment lang, sie lehnt sich ein wenig an seine Schulter.)

DAME. Wussten Sie, dass die Engländer sagen, dass der Stern eines Mannes ohne das Strumpfband einer Frau nicht vollständig ist?

NAPOLEON (empört – schüttelt sie abrupt ab und kommt zurück ins Zimmer). Pah ! Die Heuchler! Wenn die Franzosen das sagten, wie würden sie in frommem Entsetzen die Hände heben! (Er geht zur Innentür und hält sie schreiend auf) Hallo! Giuseppe. Wo ist das Licht, Mann? (Er tritt zwischen Tisch und Anrichte und stellt den Stuhl neben seinen Tisch.) Wir müssen den Brief noch verbrennen. (Er nimmt das Päckchen. Giuseppe kommt zurück, blass und immer noch zitternd, in der einen Hand einen Zweigleuchter mit ein paar brennenden Kerzen und in der anderen ein breites Löschtablett .)

GIUSEPPE (mitleiderregend, während er das Licht auf den Tisch stellt). Exzellenz: Wonach haben Sie gerade geschaut – da draußen? (Er zeigt über die Schulter auf den Weinberg, hat aber Angst, sich umzusehen.)

NAPOLEON (entfaltet das Päckchen). Was geht dich das an?

GIUSEPPE (stammelt). Weil die Hexe weg ist – verschwunden; und niemand sah sie hinausgehen.

DAME (kommt hinter ihm vom Weinberg her). Wir haben gesehen, wie sie auf deinem Besen zum Mond geritten ist, Giuseppe. Du wirst sie nie wieder sehen.

GIUSEPPE. Gesu Maria! (Er bekreuzigt sich und eilt hinaus.)

NAPOLEON (wirft die Briefe in einem Haufen auf den Tisch). Jetzt. (Er setzt sich auf den Stuhl, den er gerade gestellt hat, an den Tisch.)

DAME. Ja; Aber Sie wissen, dass Sie DEN Brief in Ihrer Tasche haben. (Er lächelt, nimmt einen Brief aus der Tasche und wirft ihn oben auf den Stapel. Sie hält ihn hoch, sieht ihn an und sagt:) Über Caesars Frau.

NAPOLEON. Caesars Frau ist über jeden Verdacht erhaben. Verbrenne es.

DAME (nimmt die Löscher und hält damit den Brief an die Kerzenflamme). Ich frage mich, ob Caesars Frau über jeden Verdacht erhaben wäre, wenn sie uns hier zusammen sehen würde!

NAPOLEON (wiederholt sie, die Ellenbogen auf dem Tisch und die Wangen auf den Händen, den Brief betrachtend). Ich wundere mich! (Die seltsame Dame legt den Brief auf das Feuerlöschtablett und setzt sich in derselben Haltung neben Napoleon, die Ellbogen auf den Tisch, die Wangen auf die Hände, und sieht zu, wie er brennt. Wenn er verbrannt ist, drehen sie gleichzeitig ihre Augen und schauen ihn an einander. Der Vorhang schleicht sich herunter und verbirgt sie.)

Milton Keynes UK
Ingram Content Group UK Ltd.
UKHW011821120624
444110UK00004B/222

9 789359 253848